水轮发电机组检修全过程规范化管理

贵州乌江水电开发有限责任公司　主编

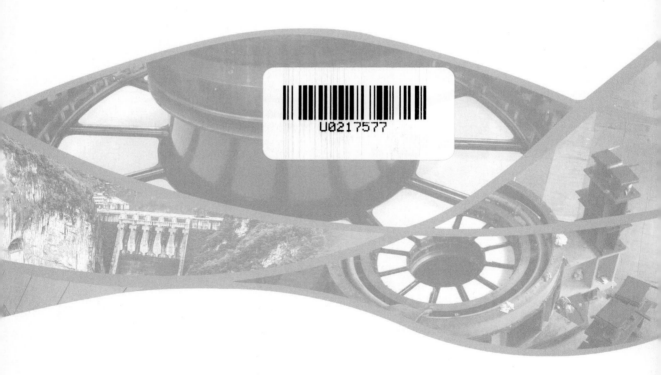

中国水利水电出版社
www.waterpub.com.cn
·北京·

内 容 提 要

　　本书围绕水电厂水轮发电机组大修相关要求，采用"基于修前、修中、修后工作过程"的方式编写。本书作者收集、汇总了多年现场水轮发电机组检修经验，分析出机组大修过程中的重点、难点环节，进而模拟还原真实的水轮发电机组检修全过程工作情景，强化理论与实践的深度融合，从而构建了整套水轮发电机组检修全过程规范化管理体系。全书共 11 章 40 节，主要包括检修管理概论，检修规划与评估管理，检修准备管理，机组检修费用管理，检修现场安全、文明、环保管理，机组检修质量控制，机组检修工期管理，检修监理管理，后勤保障管理，检修启动试验，检修竣工及后评估等水轮发电机组检修全过程的相关规范化管理内容。

　　本书可供水电厂水轮发电机组检修技术人员和管理人员阅读，也可供大专院校有关专业师生参考。

图书在版编目（CIP）数据

　水轮发电机组检修全过程规范化管理 / 贵州乌江水
电开发有限责任公司主编. -- 北京 : 中国水利水电出版
社, 2024. 10. -- ISBN 978-7-5226-2674-1

　Ⅰ. TM312.07

中国国家版本馆 CIP 数据核字第 2024VH5975 号

书　　名	**水轮发电机组检修全过程规范化管理** SHUILUN FADIAN JIZU JIANXIU QUANGUOCHENG GUIFANHUA GUANLI	
作　　者	贵州乌江水电开发有限责任公司　主编	
出版发行	中国水利水电出版社 （北京市海淀区玉渊潭南路 1 号 D 座　100038） 网址：www. waterpub. com. cn E - mail：sales@mwr. gov. cn 电话：（010）68545888（营销中心）	
经　　售	北京科水图书销售有限公司 电话：（010）68545874、63202643 全国各地新华书店和相关出版物销售网点	
排　　版	中国水利水电出版社微机排版中心	
印　　刷	清淞永业（天津）印刷有限公司	
规　　格	184mm×260mm　16 开本　15.75 印张　308 千字	
版　　次	2024 年 10 月第 1 版　2024 年 10 月第 1 次印刷	
印　　数	0001—2000 册	
定　　价	**178.00 元**	

《水轮发电机组检修全过程规范化管理》
编 委 会

主　　任	何光宏　　龙治安

副 主 任　彭　鹏　　侯　晋　　杜文国　　谌　波

委　　员　俞立军　　田小兵　　冯文贵　　张围围　　邓红卫

　　　　　　亓　劼　　张应刚　　陈　宇　　李伟伟　　汤　隆

　　　　　　陈日伟　　曹光伟　　涂洪波　　陈　红　　罗晓鸿

主　　编　侯　晋　　田小兵

副 主 编　张围围　　冯文贵　　陈启萍　　亓　劼　　邓红卫

编写人员　刘　浪　　王小伟　　韩庆余　　熊　妍　　罗禄堂

　　　　　　黄　银　　周文静　　向　辉　　张文波　　杨优军

　　　　　　方贤思　　叶　刚　　周家波　　许海洋　　赵雪来

　　　　　　党　涛　　尹　宁　　苏　焱　　岑加兵　　杨兴乾

　　　　　　周德超　　令狐争争　　闵万雄　　李俊松　　李　霄

统 稿 人　刘　浪　　王小伟

　　水轮发电机组检修是水电厂一项经常性、基础性的重要工作，直接关系安全生产、成本控制和经济运行，直接影响企业在电力市场中的竞争能力；也是一项十分复杂的系统性工程，涉及人员、机具、设备、加工、检测试验、劳动保护、备品备件、消耗性材料、装置性材料、安全文明设施、交通、医疗、宣传等事项，整个过程参与人员多、涉及面广、持续时间长、安全风险相对集中。如何安全、优质、规范、高效、环保地推进检修工程顺利实施，圆满完成检修任务，是水电厂生产运营管理的核心内容和关键环节。在长期的检修实践中，各水电厂探索形成了若干成熟的工艺、工序、技术、规范、措施，积累了宝贵的经验，但是在水轮发电机组检修全过程管理方面，目前还没有系统规范的、切合检修实际工作的指导性著作。在进入新发展阶段，朝着高质量发展方向不断迈进的时代要求下，根据中国华电集团有限公司关于加强安全管理、设备管理、检修管理的部署要求，贵州乌江水电开发有限责任公司本着进一步提高检修管理专业化、规范化、标准化水平，实现水轮发电机组检修全系统、全过程、全员、闭环的管理的目的，结合乌江流域各水电厂30多年的机组检修实践，围绕水轮发电机组检修的全过程及各个环节，对加强基础管理、降本增效、提高检修资源使用效率等方面进行全面系统、仔细深入地研究，并对检修规划与评估管理，检修准备管理，机组检修费用管理，检修现场安全、文明、环保管理，机组检修质量控制，机组检修工期管理，检修监理管理，后勤保障管理，检修启动试验，检修竣工及后评估等10个部分进行梳理，提出了具体要求和参照标准，对水轮发电机组检修全过程规范化管理作出了路径探索和总结。

《水轮发电机组检修全过程规范化管理》是贵州乌江水电开发有限责任公司生产管理领域理论研究与实践探索的结晶，吸收借鉴了国内先进检修管理成果，其着眼点和落脚点是分析解决现实问题。

　　本书从策划到编写完成历时 13 个月，期间编委会反复研究，不断充实完善，力求体现编写初衷，符合清晰合理、方便实用的原则。由于水轮发电机组检修涉及面广，作者的学识水平有限，加之编写时间仓促，书中难免出现差错或不足，敬请读者提出宝贵意见。

作者

2024 年 8 月

目录

01

第一章

检修管理概论

设备在运行过程中，受负荷、应力、磨损、腐蚀、高温等因素影响，其尺寸、形状或机械性能、电气性能等发生改变，使设备的生产能力降低，原料和动力消耗增高，产品质量下降，甚至造成人身和设备事故，这是所有设备都避免不了的技术性劣化的客观规律。为了使设备能经常发挥生产效能，延长设备的使用寿命，必须对设备进行适度的检修和日常维护保养。水轮发电机组主要的功能就是为用户提供安全、稳定的电力，且在电力系统中还承担着调峰、调频任务，开停机频繁且长时间连续运行，同样也面临着技术性劣化的问题，所以合理的检修对保持水轮发电机组安全、经济运行具有重要意义。

第一节 水轮发电机组检修概述

一、水轮发电机组检修目的

水轮发电机组系统性检修的目的是确保发电设备安全、可靠、经济运行，确保检修工艺和质量，合理延长设备检修间隔，有效控制生产成本，不断提高设备健康水平。

二、水轮发电机组检修原则

（1）水电企业应依据国家有关政策法规、电力行业相关标准，按照集团公司相关管理办法及指导意见，合理安排机组检修。原则上执行"预防为主、计划检修"的方针，坚持"应修必修、修必修好，应试必试、试必试全"的原则。

（2）水轮发电机组检修应自始至终贯彻"安全第一、预防为主"的方针，杜绝各类违章，确保在检修过程中人身和设备安全。

（3）检修质量管理应贯彻《质量管理体系　要求》（GB/T 19001）质量管理标准，实行全过程管理，推行标准化作业。

（4）机组检修实行预算管理、成本控制，严格费用科目管理，提倡修旧利废，坚决避免大拆大换。

（5）水轮发电机组检修应在定期检修的基础上，逐步扩大状态检修的比例，最终形成一套融定期检修、状态检修为一体的优化检修模式。

三、水轮发电机组检修内容

本书以水轮发电机组 A 级检修相关检修内容为例进行阐述，B 级检修、C 级检修可参照执行。

水轮发电机组检修内容主要包括水轮发电机组解体检修（含标准项目和特殊项

目）；机组调速系统、技术供排水系统、轴承外循环等辅机检修；发电机电气预防性试验、主变检修预试、开关及刀闸检修预试、CT 和 PT 检修预试、二次设备检修及试验；热工和电测仪表、压力开关、压力传感器等校验；机组检修后启动试验等相关工作。

四、水轮发电机组检修方式及等级

（一）水轮发电机组检修方式

水轮发电机组的基本检修方式主要包括定期检修、状态检修。

定期检修也称为预防性检修，是一种以时间规定为特征，根据设备磨损和老化的统计规律，事先确定检修等级、检修间隔、检修项目及需用备件、材料等的检修。

状态检修又称为预知性检修，是指根据状态监测和诊断技术提供的设备状态信息，评估设备的状况及其零部件寿命，在故障发生或零部件寿命终结前，选择合适的检修时机进行的检修。

（二）水轮发电机组检修等级

根据《水电站设备检修管理导则》（DL/T 1066—2023）、《中国华电集团有限公司水电检修管理办法》的规定，水轮发电机组的检修等级是以水轮发电机组检修规模和停用时间为原则制定的，分为 A 级检修、B 级检修、C 级检修三个等级，或者对应为大修（A 级检修）、小修（B 级检修）、季节性检修（C 级检修及以下）。

1. A 级检修

A 级检修是指对水轮发电机组进行全面的解体检查和修理，以保持、恢复或改善设备性能，辅机及辅助设备应根据设备状况和设备技术要求，结合状态监测进行检查和修理。

2. B 级检修

B 级检修是指对水轮发电机进行解体检查和修理，水轮机或者发电机部分进行少量设备零部件的更换，也可根据设备的磨损、老化规律，有重点地对机组设备进行检查、评估、修理、清扫。B 级检修可进行设备的消缺、调整、预防性试验等作业，并实施部分 A 级检修项目或定期滚动检修项目。

3. C 级检修

C 级检修是指根据设备状态评估结果安排的机组设备检查、消缺性检修，有针对性地对机组设备进行检查、评估、维保、清扫、修理及试验，并实施部分 B 级检修项目，工期计划原则上不超过 B 级检修工期。

五、水轮发电机组检修现状

随着水轮发电机组向大型化、集成化、精密化、自动化、数字化方向的不断发展，结合国家碳达峰及碳中和发展目标的相关要求，大力发展清洁能源成为能源结构调整的必然趋势。水力发电作为主要的清洁能源，水轮发电机组具备开停机灵活的特点，在电力系统供应链中具有重要、突出的调节作用，其承担的发电、调峰调频任务也越来越艰巨。因此，水轮发电机组设备的检修流程是否清晰、计划制订是否合理、准备是否充分、检修质量是否优质、成本是否可控、启动试验是否顺利都对机组是否能安全、稳定、高效运行起到至关重要的作用。

以往的检修管理模式存在机组临时性检修频繁、检修不足、检修过剩，企业生产经营和电力供应需求矛盾，检修质量目标系统性不强，控制措施与目标脱节，安全文明管控要求不严，检修竣工资料不及时、不完整，检修管理烦琐，未形成标准等问题。因此，本书针对检修管理存在的诸多不足之处，从检修规划与评估，检修准备管理，检修费用管理，检修现场安全、文明、环保管理，检修质量控制，检修工期管理，检修监理，后勤保障管理，检修启动试验（含验收），检修竣工及后评估等十个方面入手，深入剖析存在的问题，全面总结多年来的检修经验，以清晰、便捷、合理、实用为原则，编制形成水轮发电机组检修全过程规范化管理的具体内容，从而更为系统、有效地指导水轮发电机组检修工作的开展。

第二节　水轮发电机组检修全过程规范化管理的内容和要求

水轮发电机组检修全过程规范化管理是运用现代化管理手段，实施水轮发电机组检修工作的全系统、全过程、全员的闭环综合管理。

一、检修全过程规范化管理的目标

水电企业应建立健全检修管理各项规章制度，制定科学先进的安全、质量、工期、费用管控模式并形成规范化的文件体系，实施从检修准备到总结评估的全过程规范化管理。实施检修规范化管理就是要通过体系化的制度规范各级人员的管理及作业行为，避免随意性。以"目标精确、策划精准、过程精心、质量精益、成果精彩"为原则，达到检修"组织管理程序化、过程控制精细化、检修作业标准化、工期控制网络化、修后评估科学化"的目的，打造全过程精品大修工程。

（一）总体目标

总体目标为人员零伤害、作业零违章、环境零污染、设备零损坏、管理零偏差。

（二）安全目标

（1）人身轻伤及以上事故为零。

（2）误操作事故为零。

（3）设备损坏事故为零。

（4）一般及以上质量事故为零。

（5）火灾事故为零。

（6）环境污染事故为零。

（7）同等及以上责任的一般交通责任事故为零。

（8）检修期间不发生违章。

（三）质量目标

（1）检修项目完成率100％。

（2）设备消缺率100％。

（3）技改完成率100％。

（4）检修项目优良率100％。

（5）检修设备启动一次成功率100％。

（6）检修后1年内不发生因检修质量问题而导致的非计划停运、设备异常及开停机不成功。

（7）机组检修后主要运行技术指标［参照《水电站设备检修管理导则》（DL/T 1066—2023）附录 H.4 检修总结报告所列主要运行技术指标］较大修前有明显改善（大修后一般应达到设计值）。

（四）环境目标

（1）地面、墙面、设备防护到位，无污染、损伤，文明整洁。

（2）废物废料分类收集，定时清理，不发生环境污染。

（3）检修期间不得产生对人体有危害的有毒有害液体、气体。

（五）管理目标

（1）各项目实际工期满足网络图的工期要求。

（2）检修现场严格按定置图摆放。

（3）检修现场做到无"三漏"（漏油、漏水、漏气）。

（4）检修项目验收工作合格率100％。

（5）对检修中发现的问题及时制定措施予以消除。

（6）质量验收签证及记录及时，测试数据准确、真实完整齐全。

（7）检修费用完成定额管控指标。

（8）检修后资料、图纸收集整理齐全。

（9）检修设备异动后，须在设备投运前将变更资料、图纸收集整理完毕，并编制设备异动报告，修编规程及图纸。

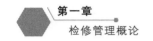
（10）水电企业应编制机组检修总结报告，并在检修完工后 40 天内报上级主管部门审查，机组修后评估分析应收集 60 天内机组运行参数，形成机组修后评估分析报告并报上级主管部门。上级主管部门收到检修总结报告后，应及时组织召开检修总结会，对检修中发现的问题及时确定整改措施并督促落实，实现闭环管理。

二、检修全过程规范化管理的内容

水轮发电机组检修全过程规范化管理分为机组检修的前期准备阶段、检修实施阶段和检修总结评估阶段，主要内容包括检修准备管理，检修费用管理，机组检修现场安全、文明、环保管理，机组检修质量控制，机组检修工期管理，检修监理，后勤保障管理，检修启动试验，检修竣工及后评估等检修全过程管理，过程中每一项程序均处于受控状态，以达到预期的检修效果，并实现预期的质量目标。水轮发电机组检修全过程规范化管理流程简图如图 1-1 所示。

三、检修全过程规范化管理的要求

（1）根据 PDCA（P——计划、D——实施、C——检查、A——总结）循环方法，从检修准备工作开始，制订各项计划和具体措施，做好施工、验收管理和修后评估工作。

（2）结合设备的具体情况和国内外机组检修先进管理水平，认真编制检修计划、施工组织措施及技术措施、实施方案等，防止检修过剩或检修不足。

（3）在检修前建立组织机构和质量管理体系，编制质量管理措施，完善程序文件，推行工序管理。

（4）制订检修过程中的安全作业和环境保护措施，做到安全、文明检修。要求检修现场设备、材料和工具摆放整齐有序，现场实行定置管理，安全措施到位、标志明显，并做到工完、料尽、场地清。

（5）机组大修可根据需要实行监理制，对安全、质量、工期、作业环境进行全面监督管理。

（6）水电企业要制订本企业的检修奖惩管理规定、考核管理制度，明确各部门在机组检修过程中的责任，实现检修全过程管理工作的系统化、规范化、科学化。

四、检修管理相关术语和定义

（一）机组 A 级检修间隔

机组 A 级检修间隔是指从上次 A 级检修后机组并网时开始，至下一次 A 级检修开始时的间隔时间。

（二）检修工期

检修工期是指机组在调度批准后与系统解列（或退出备用），到检修工作结束交

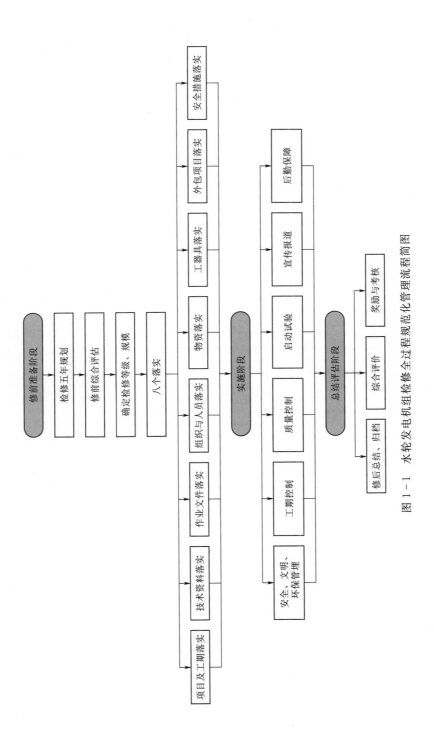

图1-1 水轮发电机组检修全过程规范化管理流程简图

付系统并网的总时间。

（三）主要设备和辅助设备

主要设备是指水轮机、发电机、主变压器设备及其附属设备；辅助设备是指主要设备以外的生产设备。

（四）不符合项

不符合项是指由于设备特性、作业文件或作业（管理）程序方面不满足要求，使其质量变得不可接受或无法判断的项目。

（五）检修作业指导书

检修作业指导书是依据企业技术标准、管理标准和工作标准以及 ISO9001 质量管理体系要求建立机组检修项目的作业文件，是检修作业人员的工作依据。是由水电企业提供给检修单位、监理单位进行特定设备检修用的规范性文件。

（六）分项验收

分项验收是指在机组大修过程中，某一项目或某一阶段检修工作结束后应进行的验收。包括常规三级验收和质检点（H 点、W 点）验收。

（七）分部验收

分部验收又称系统验收，是指在未复役的分部（系统）检修设备上进行的各种试转或试校工作，如向电气设备充电以及重要辅机（电机）试转试校工作。

（八）机组整体静态验收

机组整体静态验收是指在分部（系统）试运行全部结束、试运行情况良好后，在机组尾水管充水前进行的一次总体验收，由检修指挥部总指挥主持。重点对检修项目完成情况（含修前设备缺陷处理情况的检查、设备检修后标志等恢复情况以及设备清洁等方面）和质量状况以及分项试验、分系统（分部）试运行核查，是否具备机组尾水管充水试验并进行现场检查确认。

（九）充水检查

机组充水检查是指机组整体静态验收完成后，开展的压力引水管道、尾水管充水检查，由检修总指挥主持。充水检查范围包括压力钢管、蜗壳、调压室、尾水管、水轮机室、机组技术供水系统等。重点检查进水口工作闸门（进水蝶阀）、尾水闸门的启闭情况，检查机组全部过水部件的密封、耐压情况，检查水轮机工作密封滤水器、工作密封漏水情况、检修密封充压止水情况，检验进水口工作闸门（进水蝶阀）在静水中启闭是否满足要求，为机组的首次启动作好充分准备。

（十）启动试验

启动试验是指机组检修完成且经静态验收合格后进行的全面启动试验和并网试运行，它是机组大修后一次综合性的检验。检验机组是否能恢复原设备性能，如各种技术参数、经济指标、自动化程度、安全控制等；检验各项检修质量是否达到修前的预期目标。

02

第二章

检修规划与评估管理

第一节 检 修 规 划

一、检修等级组合规划

水电企业可根据机组的技术性能或实际运行小时数，适当调整 A 级检修间隔，采用不同的检修等级组合方式，但应进行技术论证，并经上级主管部门批准。新机组第一次 A/B 级检修可根据制造厂要求、合同规定以及机组的具体情况决定，若制造厂无明确规定，一般安排在正式投产后 2 年内进行，但主变压器第一次大修可根据现场设备运行、试验、环境等情况确定。立式水轮发电机组 A 级检修间隔和检修等级组合方式见表 2-1。

表 2-1　　　　立式水轮发电机组 A 级检修间隔和检修等级组合方式

机组类型	A 修间隔 /年	A 修间隔 /运行小时数	检修等级组合方式
多泥沙水电站水轮发电机组	4～6	24000	在两次 A 修之间，可安排 1 次机组 B 修；除有 A、B 修年外，每年安排 1 次 C 修。如大修间隔为 8 年，则检修等级组合方式为 A 修—C 修—C 修—C 修—B 修—C 修—C 修—C 修—A 修（即第 1 年可安排 A 修 1 次，第 2 年安排 C 修 1 次）
非多泥沙水电站水轮发电机组	8～10	40000	
主变压器	根据运行情况和试验结果确定，一般 10 年		C 级检修每年安排 1 次

注　根据设备运行状态、试验情况等可延长检修间隔。

二、发电机组的检修停用时间

检修停用时间是指从系统解列（或上级调度部门同意检修开工）到检修完毕正式交付上级调度的总时间。

（1）水轮发电机组标准项目检修停用时间见表 2-2。

表 2-2　　　　　水轮发电机组标准项目检修停用时间

直径 d /mm	混流式机组停用时间/d			轴流转桨式机组停用时间/d		
	A 修	B 修	C 修	A 修	B 修	C 修
$d<1200$	30～40	20～25	3～5	—	—	—
$1200 \leqslant d < 2500$	35～45	25～30	3～5	—	—	—
$2500 \leqslant d < 3300$	40～50	30～35	5～7	—	—	—

续表

直径 d /mm	混流式机组停用时间/d			轴流转桨式机组停用时间/d		
	A 修	B 修	C 修	A 修	B 修	C 修
3300≤d<4100	45～55	35～40	7～9	60～70	35～40	7～9
4100≤d<5500	50～60	40～45	7～9	65～75	40～45	7～9
5500≤d<6000	55～65	45～50	8～10	70～80	45～50	8～10
6000≤d<8000	60～70	50～55	10～12	75～85	50～55	10～12
8000≤d<10000	65～75	55～60	10～12	80～90	55～60	10～12
10000≤d	75～85	60～65	12～14	85～95	60～65	12～14

（2）对于多泥沙河流、磨蚀严重的水轮发电机组，其检修停用时间可在表 2-2 规定的停用时间上乘以不大于 1.3 的修正系数；贯流式水轮发电机组比同尺寸的轴流转桨式发电机组大修停用时间相应增加 20d；水泵式水轮机大修停用时间参照混流式水轮机检修停用时间，根据设备结构复杂程度、水质情况，停用时间可在表 2-2 规定的停用时间上乘以不大于 1.3 的修正系数。

（3）若因设备更换重要部件或其他特殊需要，机组检修停用时间可适当超过表 2-2 的规定。

三、机组检修规划和计划的编制

水电企业每年根据设备技术规范、检修规程、设备制造厂要求、设备技术状况、大坝定检要求等工作实际，编制水轮发电机组检修等级组合规划（表 2-3），水轮发电机组检修等级组合规划主要是对后 5 年需要在机组 A 级、B 级检修中安排的重大特殊项目、重大更新改造项目进行预安排。

表 2-3　　　　　　　水轮发电机组检修等级组合规划表

	上次 A 级检修年月	AAAA 年		BBBB 年		CCCC 年		XXXX 年		YYYY 年		备注
		等级	天数	等级	天数	等级	天数	等级	天数	等级	天数	
1 号机组												
2 号机组												
……												

注　1. 本表以 5 年的检修间隔为例，AAAA 年是填报年度。
　　2. 填报年度以后的年度为报送单位的检修规划年度。
　　3. 规划/实际与规定不同时，应在备注栏中进行说明。
　　4. 检修等级为"A 级""B 级""C 级"，改进性检修应在备注栏中说明。
　　5. 无内容的空格内应填"—"，不得空项。

（一）定期检修滚动计划的编制

水电企业应结合"水轮发电机组检修等级组合规划表"，编制"水轮发电机组

（设备）定期滚动检修计划表"（表2-4），定期滚动检修计划应至少包括以下内容：

（1）对各机组在一个A级检修间隔内需要进行的重大特殊项目进行预安排。

（2）充分考虑经济、节能、环保设施的运行周期，对经济、节能、环保设施检修项目进行预安排。

表2-4　　　　　　　　　水轮发电机组（设备）定期滚动检修计划表

序号	项目名称	上次检修时间	主要依据和措施	预计执行年度	项目间隔年数	预计停用天数	预计费用	上次检修费用	备注
1									
2									
……									

注　1. 对各机组在一个A级检修间隔内需要进行的重大特殊项目进行预安排。

　　2. 充分考虑节能、环保设施的运行周期，对节能、环保设施检修项目进行预安排。

（二）年度检修计划的编制

（1）水电企业应根据主、辅设备的检修间隔、主设备预试定检计划、设备的技术指标和健康状况，并与上级调度机构沟通协调，结合机组检修等级组合规划和定期滚动检修计划安排，合理编制年度检修计划。年度检修计划包括检修工期计划、检修项目计划。

（2）特殊项目应逐项列入年度检修计划。

（三）年度检修计划的申报、审查和批复

（1）水电企业应按照上级主管部门规定上报年度检修计划。机组年度检修计划表（范本）见附件一。

（2）上级主管部门应按照规定向集团公司上报下年度水电企业的检修计划，以及重大特殊项目的相关材料（项目技术方案或可行性研究报告）。

（3）集团公司每年组织年度检修计划、重大特殊项目的立项和技术方案审查，并在规定时间内批复水电企业年度检修计划。

（4）在集团公司下达年度检修计划后的规定时间内，水电企业上级主管部门应按有关规定要求上报需审批、审核、备案的文件，主要包括水电企业上级主管部门审批的所辖水电企业年度检修计划总费用和水电企业上级主管部门按权限批复的所辖水电企业年度检修计划项目。

（四）年度检修计划的落实和调整

（1）年度检修计划一经批准，各水电企业要精心组织、严格执行，做好检修计划的落实工作。

（2）水电企业机组检修的具体开、竣工日期应结合电力市场和调度部门要求安排，一般不得与原计划相差两个月以上，否则应及时上报上级主管部门批准。

（3）检修计划经过批准后，因特殊原因水电企业要求调换检修机组和需要增减重大特殊项目，必须向上级主管部门申报，经批准后方可实施，如果增减的重大特殊项目对检修工期产生影响时，在上级主管部门批准后应向上级调度机构申报并获得批准。变更机组检修等级，须以正式公文形式上报上级主管部门审核、批准。

（4）水电企业因故要求调整年、月度机组检修工期计划时，应事先（年度检修计划提前三个月，月度检修计划提前一个月）向上级主管部门申报，并经上级调度机构批准，才能按照调整后的年、月度检修计划执行。

（5）为减少对水库经济调度和防汛调度的影响，水电企业检修特殊项目和水工建筑物应结合机组检修计划统筹安排实施。

（6）为减少计划外停机检修，在不影响上级调度和事故备用的前提下，提倡水电企业利用电网负荷低谷时间，事先向上级主管部门或上级调度机构申请、批准后，进行设备的消缺及维护工作。

（7）检修期间发现重大设备问题，应立即向上级主管部门汇报并及时制定解决方案，如影响检修工期时，应及时向上级主管部门提报书面延期申请。

（8）水电企业发供电设备突发性事故抢修，可直接联系上级调度机构进行停机处理，并按信息管理报送相关规定上报上级主管部门。

第二节　综合评估管理

一、评估分析内容

水轮发电机组设备状态综合评估是根据规程规范、标准、设备失效的规律、可靠性分析等，通过分析各渠道获得设备状态综合信息，对设备状态提供一个准确、客观的评估，对设备潜在性故障或功能性故障作出定性的结论和处理意见。

状态综合评估管理是指依据上述状态综合评估，结合机组状态综合信息进行汇总、分析，判断设备的实际运行状态，提出相关检修建议的管理。

二、评估分析方法

主要在两个方面对设备状态进行综合分析与评估。一是对设备的潜在性故障或功能性故障进行诊断，分析其故障机理及可能造成的危害，估算检修费用及检修时间，按设备的安全重要性程度以及水电企业机组检修计划安排提出检修建议或预防措施。二是对设备状态的趋势进行预测，对呈现劣化趋势的设备提出检修、维护建

议或预防措施。

应充分利用在线监测、故障诊断、远程诊断专家系统（或其他系统）所提供的数据报告，结合机组实际运行工况、机组各部件的健康状况等分析机组整体状态，综合评估水轮发电机组状态，实施定期检修、状态检修，以达到优化检修的目的。

三、评估分析结论

根据以上评估分析方法，开展设备诊断和评估，得出结论，提出检修建议，确定检修等级和规模。

03

检修准备管理

第一节 概　述

机组检修是一项庞大的系统工程，涉及的单位多、专业广、人员杂，全面、充分的检修准备是保障检修工作能够顺利进行的前提条件，是保证检修管理可控的有力手段，也是机组检修能否成功的重要基础。因此，各水电企业应高度重视机组检修准备工作，建立健全机组检修准备工作机制，加强准备阶段的组织管理，细化准备程序，强化过程控制，确保优质、高效地完成机组检修准备工作，奠定检修工作的良好基础。

第二节　检修组织与人员落实

一、组织机构及职责

检修开始前 6 个月水电企业应成立检修准备工作组，负责检修准备所有工作的组织协调、计划安排、进度控制，以及重大问题的确定和组织处理。检修准备工作组由水电企业主要负责人任组长，分管生产企业负责人任副组长，技术管理部门、设备管理部门、安全管理部门、人力资源管理部门、运行管理部门、物资管理部门、检修实施单位或监理单位等相关人员为工作组成员。检修准备工作组应至少每月召开 1 次检修准备协调会，开工前 1 个月每周召开 1 次，监督、检查各相关部门检修准备工作情况，协调解决准备过程中出现的问题，推动检修准备工作顺利进行。

检修准备工作组成立后 1 周内，印发机组大修全过程管理程序。明确检修准备工作的内容（包括修前评估报告、项目及工期计划、技术资料、检修作业文件、组织与人员、检修物资、检修工器具、外包工程项目、专项技术方案等）、责任部门、责任人、监督人、完成时间等要求。水轮发电机组检修准备全过程管理程序表（范本）见附件二。

在检修开工前 1 个月，水电企业成立机组检修正式组织机构，检修准备工作组向大修组织机构提交大修准备工作总结报告，其人员和职能并入大修组织机构。检修组织机构自上而下分四层，第一级为决策层，第二级为指挥层，第三级为职能层，第四级为执行层，如图 3-1 所示。决策层为指挥领导小组；指挥层设总指挥一名，副总指挥一至两名；职能层设质量监督保障组、安全文明环保监督组；执行层设质量验收组、检修组、运行操作组、物资保障组、应急救援组、后勤保障组、宣传报道组、启动试验组等八个小组，引入监理单位的应增设监理组。

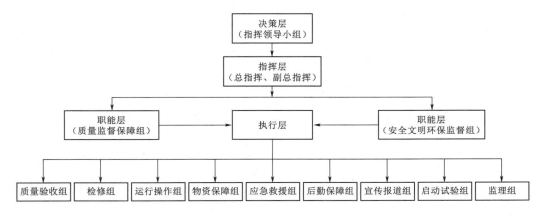

图 3-1　组织机构示意图

在检修开工前 1 个月，在自查准备情况均已完成后，由水电企业主管生产的副厂长/副总经理负责向上级主管部门汇报检修准备工作情况，上级主管部门组织进行修前各项准备工作开展情况复查确认。同时，水电企业成立检修正式组织机构，并下发正式通知。

（一）水轮发电机组检修决策层（指挥领导小组）

1. 指挥领导小组人员设置

水电企业机组 A 级检修需设置领导组，水电企业主要领导担任组长，成员为水电企业分管领导、总工程师、纪委书记、检修单位分管领导等。

2. 指挥领导小组人员职责

对整个水轮发电机组检修负总的责任，对全过程检修中重大事项进行商议决策，负责与上级主管部门或其他相关单位的联系，负责突发事件的应急指挥，协调和调动厂内力量（含机关后勤）确保机组 A 级检修工作的顺利完成。

（二）水轮发电机组检修指挥层

水电企业在上级主管部门批复同意开展水轮发电机组检修后，成立检修指挥部。根据检修级别，A 级检修由企业主要领导担任总指挥，B 级及以下级别检修由分管生产副厂长或总工程师担任总指挥。在检修准备阶段，水电企业确定总指挥、副总指挥人员，组织生产技术管理部门设立组织机构、确立各层级人员。检修合同任务签订后，再根据检修单位确定的组织结构将相关人员增加到检修项目组织机构中。

水轮发电机组检修开工前，根据现场条件设立检修指挥部办公场所，并将技术资料、检修相关文件等放置在检修现场。

（三）检修指挥部指挥层人员设置及职责

1. 总指挥

由水电企业主要领导担任。

2. 副总指挥

设两名副总指挥：一名由水电企业生产副厂长担任；另一名由检修单位负责人或项目经理担任。

3. 检修指挥层职责

（1）水电企业根据水轮发电机组年度检修批复情况，应与检修单位共同对检修合同进行商榷，双方无异议后签订。双方负责人共同签订水轮发电机组检修全过程管理安全目标、质量目标、环保目标、工期目标、管理目标等。引入监理单位的，水电企业应与监理单位对监理合同进行商榷，双方无异议后签订。

（2）确定各组织机构层级人员及职责。合同签订后，检修单位与监理单位向水电企业提供检修组织机构、监理组织机构及相应人员名单。总指挥或副总指挥组织三方单位项目负责人审定职能层和执行层负责人、成员及职责。

（3）监督检修准备工作落实情况。水电企业作为检修主体单位，总指挥或副总指挥应组织本企业技术管理部门、设备管理部门及物资管理部门负责人根据水轮发电机组检修项目开展检修前准备工作。按照检修前"八个落实"，制订水轮发电机组检修全过程管理程序表，确定检修前准备工作中各项目的完成时间、责任部门、负责人等。并定期组织召开检修准备平衡会，监督各部门准备工作完成情况，对存在的问题及时协调和决策。

（4）组织召开检修动员会。检修开工前，水电企业组织三方单位负责人及参与检修人员召开检修动员会。总指挥宣读检修安全目标、质量目标、环保目标、工期目标、管理目标，并与检修单位项目经理、监理单位总监理工程师签订目标责任书。水电企业与检修单位联合成立党员突击队、青年先锋队、后勤保障组、宣传报道组等有关事项，形成上下齐抓共管的良好检修氛围。

（5）组织召开检修协调会。确定检修协调会召开时间，每周召开次数不超过3次，协调参加检修各单位的相互关系，确保检修工作安全、顺利推进。协调执行层各小组的相互关系，布置、检查和监督各小组工作开展情况，保证组织机构正常运行。研究检修过程中发生的重难点问题并作出决策，保证检修工作顺利进行。

（6）保障检修工作安全推进。监督安全文明环保监督组工作开展情况，定期对检修现场进行巡视检查，对违章行为、不安全事件按检修安全管理规定进行考核。

（7）保障设备检修质量。及时听取质量监督保障组对设备质量、检修工艺提出的建议，并协调检修单位按检修质量控制要求进行整改。

（8）控制检修工期。根据检修工作推进情况，协调各项工作的工期进度，合理安排工期计划。如检修中发现重大缺陷或不可预见事件确需增加工期，及时与上级主管部门进行沟通协调。

（9）监督协调机组启动试验的相关事宜。

（四）检修职能层人员设置及职责

1. 质量监督保障组人员设置及职责

（1）质量监督保障组人员设置。质量监督保障组组长由水电企业生产总监、技术管理部门负责人或厂级技术专家担任，成员分别由水电企业设备管理部门负责人、检修单位项目副经理、监理单位总监理工程师组成。

（2）质量监督保障组职责。

1）编制机组修前评估报告，报送检修指挥层审核。按审核意见制订检修计划，按上级主管部门规定上报检修计划及检修申请并跟踪审批情况。

2）组织开展检修项目讨论，根据设备实际运行情况确定检修项目。

3）拟定水轮发电机组检修全过程规范化管理安全目标、质量目标、环保目标、工期目标、管理目标等。

4）拟定水电企业与检修单位、监理单位的水轮发电机组检修项目合同、监理合同。

5）组织编制并审核检修作业文件。

6）审核检修项目方案，包括一般项目方案、重大项目方案、专项技改项目方案等。

7）按检修前"八个落实"组织水电企业设备管理部门、物资管理部门等开展检修前准备工作。

8）根据检修实际情况，与设备制造厂家沟通协调。

9）组织制订检修现场"六牌两图"，即检修概况、安全管理规定、控制体系、组织机构、安全宣传、联系牌，检修现场布置图、工期网络图。

10）参与检修协调会，向指挥部汇报检修工作开展情况，结合检修工作开展情况对需要调整的工期计划提出建议和意见。

11）每日对检修现场开展质量巡查，对检修过程中的质量不符合项提出整改要求、并提出考核意见。

12）监督检修项目方案落实情况，对与现场不符的检修方案及时进行更正并督促检修人员落实。

13）对检修全过程进行技术指导，组织讨论检修过程中的重、难点技术问题并

制定临时检修方案。

14) 负责监督检修过程中各项目的质检点（W 点、H 点）鉴证执行情况及质量验收工作，对项目实施的完整性、准确性、检修质量、技术记录齐全性等提出最终验收意见。

15) 收集检修全过程技术、质量文件，检修后进行总结。

2. 安全文明环保监督组人员设置及职责

（1）安全文明环保监督组人员设置。安全文明环保监督组组长由水电企业安全总监或安全管理部门主要负责人担任，成员由水电企业安全管理部门负责人、检修单位安全负责人组成。

（2）安全文明环保监督组职责。

1) 拟定检修全过程安全目标、环保目标。审核检修项目合同的安全措施、检修项目施工方案的安全措施。

2) 编制检修现场安全文明生产管理实施方案并监督执行。

3) 组织外委人员进行安全培训并考试，成绩合格后方可开展检修工作；审核检修单位安全资质并出具审核报告；按水电企业安全管理制度制作外委人员临时出入证、外委项目车辆临时出入证。

4) 检查检修用安全工器具、手持电动工具、特种设备定期检验及使用情况。

5) 监督检修全过程中"两票"执行情况。

6) 监督、指导检修全过程现场安全文明生产、消防安全、治安保卫工作，并向指挥部提出安全建议。

7) 开展重大检修项目（如起吊定、转子）时，做好现场警戒隔离区的治安警戒。

8) 检查重大起吊作业、动火作业的工作情况，检查检修现场安全设施的状况。

9) 组织对检修现场开展安全巡查，及时制止检修现场存在的违章行为，编制安全巡查存在问题整改通报，督促相应部门进行整改落实，坚持现场整改闭环管理。

10) 检查进出检修现场的所有人员是否佩戴符合规定的出入证。

11) 对检修现场安全保障设施不符合项有权做出停工、限期整改和提出考核意见。

12) 负责检修现场的应急保障工作。

（五）检修执行层人员设置及职责

1. 质量验收组人员设置及职责

（1）质量验收组人员设置。质量验收组组长由水电企业三级验收专业技术负责人担任；质量验收组成员设置三级验收机制，一级验收为水电企业各专业班组长、检修单位各专业班组长，二级验收为水电企业设备管理部门各专业技术负责人、检修单位技术负责人，三级验收为水电企业生产技术管理部门专业技术负责人、检修单位项目经理。安全管理部门人员负责检修作业的安全评定。

（2）质量验收组职责。

1）检修过程中负责各项目的质检点（W点、H点）签证及质量验收的一级、二级、三级验收工作。对项目施工工艺的正确性、技术记录的准确性、检修现场的安全文明、复测数据的准确性、技术记录、施工工艺的质量负责。及时在质量验收单、质检点签证单上签字。

2）经常深入现场，调查研究，随时掌握检修情况，严格控制检修质量，在技术、技能、工艺方面给予检修人员必要的指导。验收人员在接到验收申请后，应在规定时间内到达验收现场，在核对确认检修项目无遗漏、检修质量合格、技术记录及有关资料齐全无误后，签字认可。若验收不合格，验收人员不得在验收单或签证单上签字，并要求检修人员按不符合项程序进行处理，查明原因，防止重复发生。

3）严格按检修规程开展设备检修验收工作。

2. 运行操作组

（1）运行操作组人员设置。运行操作组组长由水电企业运行管理部门负责人担任，成员为水电企业运行管理部门人员。

（2）运行操作组职责。

1）与上级调度联系检修设备退出、调试、试验、恢复等操作事宜，根据调度命令下达运行操作指令，对操作的正确性负责。

2）根据检修工作要求安全正确地将检修设备进行隔离。

3）根据检修安全措施要求做好防止突然来电、来水、来气以及防止人员误碰、误动的所有安全措施。

4）向检修指挥部汇报安全措施的变更情况，并做好书面记录。

3. 检修组人员设置及职责

（1）检修组人员设置。检修组组长（检修现场负责人）由水电企业设备管理部门负责人担任，成员为水电企业设备管理部门和检修单位各专业负责人。

（2）检修组职责。

1）按检修全过程规范化管理"八个落实"开展检修准备工作。

2）参与讨论检修项目、工期并向质量监督保障组提出意见和建议。

3）按照现场"7S"管理的标准，负责检修现场设备隔离措施、安全围栏、安全

防护设施、安全警示标识牌、临时电源搭接、物资堆放等项目的布置管理。

4）组织填写检修工作票、动火作业票、有限空间作业票等。

5）组织开展检修工作，并对检修安全、质量、进度负责。

6）向检修质量监督保障组汇报检修进度、检修质量、检修存在的问题。

7）负责检修后的总结、报告的编制及各类资料修改及归档工作。

4. 物资保障组

（1）物资保障组人员设置。物资保障组组长由水电企业物资管理负责人担任，成员为水电企业和检修单位物资管理人员。

（2）物资保障组职责。

1）根据设备管理部门制订的物资采购计划，及时组织检修物资采购并跟踪物资运输情况。确保在检修工作开展前，检修物资全部到位。

2）采购物资到货后，组织生产技术管理部门、设备管理部门人员进行物资验收。

3）做好检修物资的保管和发放工作，确保物资进出库记录齐全。

4）对于验收不合格的物资，及时与供应商联系退换货。

5. 后勤保障组

（1）后勤保障组人员设置。后勤保障组组长由水电企业办公室负责人担任，成员为水电企业办公室成员。根据实际情况，检修单位也可自带后勤保障人员。

（2）后勤保障组职责

1）负责外委施工人员的住宿安排及现场检修人员的就餐保障。

2）负责检修工作运输保障。

3）负责检修工作的后勤应急保障工作。

6. 应急救援组

（1）应急救援组人员设置。应急救援组组长由安全管理部门负责人担任，成员为水电企业安全管理部门人员和办公室人员。

（2）应急救援组职责。

1）负责检修全过程应急事件处理、上报。

2）因外界发生特殊事件影响检修工作时，负责按国家或地方下发应急处理方案要求处理应急事件。

3）在厂人员发生紧急事件（如食物中毒、打架斗殴、寻衅滋事、极端天气）时，应急救援组人员按水电企业应急事件管理规定处理。

7. 宣传报道组

（1）宣传报道组人员设置。宣传报道组组长由水电企业宣传部门负责人担任，成员为水电企业宣传部门和检修单位宣传人员。

（2）宣传报道组职责。

1）负责全程检修工作的宣传报道。

2）按照要求编制检修快报或制作检修宣传专栏。

8．监理组

（1）监理组人员设置。监理组是水电企业为充分保证检修质量而引入的第三方监督机构，设组长一名，由监理单位总监理工程师担任，成员为监理单位各专业监理工程师、监理员。

（2）监理组职责。

1）积极、认真、严格、公正地以检查或独立验证的方式进行监理活动。

2）积极与水电企业、检修单位沟通，积极参与研究解决现场出现的技术、安全、工期等问题，并提出解决建议。

3）参与水电企业作业指导书的审定工作，并对改造及特殊项目的图纸、施工方案等进行会审，积极提出整改建议。

4）对检修单位人员资格、仪器、作业指导书的执行情况及有效性进行检查，并对发现的问题进行纠正，对于一般性工序进行例常巡视，对于风险较大、困难较多的工序，进行方案讨论、审核，全程监督。

5）按监理合同条款及时进行签证点质量签证及项目质量验收。因签证不认真、不及时而出现质量事件，按照监理合同向检修指挥部提出考核建议，并对发生的质量事件进行监督和跟踪，直至质量事件得到有效处理。

6）对检修现场有关检修质量、安全与文明施工、检修进度等出现的异常情况，应及时提出整改意见。征得检修总指挥同意后，及时发布整改通知、停工令，并监督整改质量及完成情况。

7）根据检修情况编制监理日报，并在检修协调会上进行通报。

8）检修工作结束1个月内，完成对检修工程的监理总结，提出改进建议。

9．启动试验组人员设置及职责

（1）启动试验组人员设置。启动试验组设组长一名、副组长一至两名，组长由检修总指挥担任，副组长由检修副总指挥担任，成员为水电企业安全总监、专业副总、生产技术管理部门负责人、设备管理部门负责人、厂级技术专家、检修单位项目经理、技术负责人、监理单位总监理工程师。

（2）启动试验组职责。

1）检修全部装复工作结束后，审核全部质量验收单，检查所有工作面完成情况，确定是否具备充水条件。

2）下令开展机组充水、相关设备送电工作。

3）检查水轮发电机组各部位带压、带电后运行情况。

4）确定机组是否具备启动条件。

5）组织启动试验组人员按机组试验步骤开展启动试验工作。

6）与调度机构协调给予必备的试验条件。

7）对试验过程中发生的问题进行协调和决策。

二、检修单位检修人员配置

（一）配置原则

综合考虑待检修机组结构形式、装机容量、检修常规项目、特殊项目、技改项目、消缺项目、技术监督整改项目等实际情况，合理配置检修人员。

一般情况下，检修单位人员配置见表3－1。

表3－1　　　　　混流式水轮发电机组检修单位检修人员数量配置表

转轮直径 /mm	项目 经理	项目 副经理	技术 负责人	安全 负责人	发电机 专业	水轮机 专业	电气 专业	特种 专业	后勤 保障
$d<4100$	1	0	1	1	12～15	12～15	6～10	4～8	4～8
$4100\leqslant d<10000$	1	1	1	1	18～20	18～20	10～15	6～10	6～10

（二）组织机构及职责

检修单位与水电企业相互配合共同完成水轮发电机组检修工作，检修单位的组织机构设置应与水电企业组织机构相匹配，可参考上述人员组织结构设置及职责进行设置。

第三节　检修项目及工期计划落实

一、检修项目制订

（一）检修项目相关规定

（1）标准项目主要内容：水轮发电机组设备全面解体、检查、清扫、测量、调整、修理、除锈防腐等。

（2）特殊项目主要内容：标准项目以外的设备技术改造、重大缺陷消除、反事故措施、节能措施或技术复杂、工期长、费用高的项目等，需要机组检修方能开展的项目。特殊项目需编制专项检修方案，对于技术改造的项目，若存在改变原设备性能或结构的，还应履行设备异动手续。

（3）两措项目主要内容：根据水电企业的反事故措施及安全技术劳动保护措施计划，需要机组检修时方能执行的项目。

（4）消缺项目主要内容：水轮发电机组及其辅助设备等存在的各类缺陷，需要机组检修时方能消除的项目。水电企业应在机组检修前组织设备管理部门全面清理机组存在的未消除缺陷，确保在机组检修中全部消除，保障检修后不带病运行。

（5）安全检查项目主要内容：春季安全大检查、秋季安全大检查、安全性评价检查等各项安全检查整改项目，包含上级主管部门及水电企业提出的整改项目中需要机组检修方能开展的项目。

（6）技术监督项目主要内容：根据技术监督规程、规范、实施细则等，要求水轮发电机组检修时开展的工作及试验项目。

（7）试验项目主要内容：机组检修完成后需开展的必要试验，主要包含机组充水试验、调速器试验（静态、动态）、发电机组绝缘老化试验、首次手动开停机试验、发电机短路升流试验、发电机零起升压试验、发变组零起升压试验、自动开停机试验、机组动平衡试验及稳定性试验、事故低油压试验、调速器建模试验、机组并网试验、机组并网带负荷试验、机组甩负荷试验等。

（二）检修项目梳理

全过程管理程序印发后 2 周内，水电企业对修前设备健康状况进行整体分析，采集修前数据，开展修前状态诊断，对设备运行分析中发现的缺陷和异常情况进行分析汇总，同时结合机组运行工况，编制完成修前评估报告。设备修前评估报告（范本）见附件三。在编制修前评估报告前需完成以下统计清理工作：

（1）设备运行数据统计。

（2）技术监督报告内容清理和相关整改建议清理统计。

（3）组织各专业对设备运行情况进行讨论分析，对其暴露出的问题和检修建议进行汇总。

（4）各系统设备缺陷统计和分析。

（5）"三漏"等环保项目统计。

（6）设备定期切换、试验、定检等工作的梳理。

（7）上次检修遗留问题的梳理。

（8）机组经济运行分析、可靠性分析中发现的问题。

（9）设备运行中技术指标和安全分析的结果。

（10）安全措施和反事故措施计划。

（11）历次安全检查（如春检、秋检、安评等）制定的整改项目统计梳理。

（12）经研究决定采纳的合理化建议和科技项目、技改项目。

（三）检修项目编制

1. 召开检修项目讨论会

机组修前状态评估完成后1周内水电企业生产技术管理部门组织召开检修项目讨论会，对大修检修项目计划进行梳理，根据修前评估分析结果制定机组检修项目计划。

2. 各检修项目计划的制订要求

（1）项目计划中至少包含常规项目、特殊项目、两措项目、安全检查整改项目、主要缺陷项目、技术监督项目、试验项目等。检修项目计划（范本）见附件四。

（2）编制检修项目计划的同时，应根据检修项目施工工序、技术监督要求，编制各专业配合项目计划和需制造厂或者第三方检测机构配合的项目计划；配合计划内容应包括设备名称、配合内容、时间、单位、技术要求等。

（3）检修计划的编制应严格按照以下要求：

1）国家、行业、上级公司及本厂颁布的规程、制度、条例、措施。

2）上级公司及本厂颁布的标准项目和各类定额。

3）本年度有关计划、措施。

4）各类有关的滚动规划。

5）审批采纳的合理化建议。

6）前次检修总结报告所列的遗留问题。

7）技术监督指出的意见。

8）运行分析中提出的问题。

9）设备运行中遗留的各种缺陷。

10）设备状态检测、诊断、评估的结果。

（4）滚动检修规划制定结合设备状态诊断分析编制，根据实际情况及时调整具体项目，做到"应修必修"。

（5）存在以下情况的项目可列为外包项目：

1）无设备、无技术力量进行或需经其他有资质单位进行的技术监督项目和特殊项目可申请外包，如需要改变机组局部结构的项目、重点部位焊缝及重要部件的探伤检查、机组检修后性能试验等。

2）提高改进设备性能的技改项目，其本身具有技术含量高、须经设备厂家提供现场安装调试服务的。

3）检修中发现的重大设备缺陷，因工作技术难度大、工作量大、工期紧迫、工序复杂、现有检修人员无法按时完成的。

二、工期计划制订

依据水电企业编制的检修项目计划，检修开工前1个月，完成检修工期网络进度图，列出里程碑控制节点，制订大修重点项目控制工期。针对重点特殊项目，应编制专项工期计划。具体绘制方法参照第七章第一节。水轮发电机组 A 修施工网络图及现场定置图（范本）见附件二十一。

第四节　技术资料落实

在水轮发电机组检修中，技术措施贯穿检修全过程，是检修质量的重要保障之一。检修前落实好技术资料是为检修工作奠定坚实基础的必要措施，主要包括作业指导书、规程及图纸等。

一、作业指导书准备

检修开工前，水电企业生产技术管理部门统筹组织设备管理部门编制大修标准项目的作业指导书，设备管理部门按照检修作业指导书标准格式编制完毕后提交检修指挥部审核，无误后印发。

作业指导书通过检修类型可分类编写。水电企业应根据每次检修实施情况及时修编作业指导书，经生产技术管理部门审核批准后实施。作业指导书至少应包含以下内容：设备概述、组织措施、安全技术措施、工器具准备、备品备件及消耗材料需求、检修工序及工艺要求、质量及验收标准。检修作业指导书（范本）见附件五。

二、检修规程及图纸资料准备

检修前，水电企业应准备至少 1 份设备检修规程及图纸、出厂设计、安装图纸、使用说明书等纸质或电子版资料，以备检修过程中查询使用。如涉及技术改造项目，则应提前收集提供新更换或改造设备的相关设计、安装及使用说明书等资料。

第五节　检修作业文件落实

一、检修作业文件

检修准备工作组成立后，水电企业统筹组织设备管理部门与检修单位按照标准格式完成检修作业文件编制，并提交技术管理部门审核，无误后印发给检修单位和水电企业检修执行层。

检修作业文件主要包括检修项目计划、专项（检修、改造）技术方案、质检点签证单、质量验收单、检修数据记录、设备异动申请、不符合项记录表、定置管理

图等对检修具有指导性的作业文件。

二、检修作业文件编制

检修准备工作组成立后，根据检修全过程管理程序文件要求，组织编制检修全过程作业文件，并在检修开工前 1 个月完成审批下发。

（一）检修任务书

将已经确定的设备检修项目按设备分类填入表中，并且明确各项检修项目的负责人及验收等级和验收负责人，形成检修任务书。检修任务书（范本）见附件六。

（二）专项技术方案

根据检修特殊项目和技改项目的施工特点，制订专门的施工安全技术方案，包括概况，组织措施，技术措施，安全、健康、环保措施，应急救援措施。特种作业或重大操作要制订专项施工安全、技术、组织和应急措施。专项技术方案（范本）见附件七。

（三）质检点签证单

质量验收签证应根据质检点设置计划进行编制，对应于 W 点、H 点的质检验收单各专业格式相同，设备检修质检点签证单由水电企业生产技术管理部门印发给设备检修部门，检修结束后随总结报告一同提交生产技术管理部门。检修质检点签证单（范本）见附件八。

（四）质量验收单

验收单编号原则为专业班组名称首字母＋验收级别拼音首字母＋机组编号＋年＋三位数字编号，如 JX－SJ－＃1－2013001 表示＃1 机组检修机械专业三级验收单 2013 年第一张。同一个检修项目的质检点签证单、质量验收单编号须对应。质量验收单（范本）见附件九。

（五）检修数据记录

如实记录检修全过程数据，包括测量数据、安装数据、试验数据等，为下次机组检修项目制定提供依据。检修全过程数据记录簿（范本）见附件十。

（六）设备试运行申请单

机组检修完成后，填写设备启动试验申请单，经检修指挥部审核后提交水电企业运行部门。运行部门按调度规程向调度机构申请机组各项试验。每一项试验填写一份申请单。设备试运行申请单（范本）见附件十一。

（七）设备异动申请

对于检修项目实施后将使生产设备、系统发生变更异动的水电企业，设备管理部门应在检修开工前 1 个月办理完设备异动申请报告。

（1）流程执行如下：设备异动申请→设备异动会审→设备异动批准→设备异动实施→设备异动报告（执行通知单）。

（2）设备异动申请：一般由设备责任人提出。设备异动申请表内容主要包括异动的理由、异动的预计效果。

（3）设备异动报告（执行通知书）编制：设备异动报告在设备投运前完成。报告应真实、规范。异动报告内容包括设备异动原因、设备异动的执行方案、设备异动后的操作步骤及注意事项、设备异动培训情况等。设备异动申请及报告（范本）见附件十二。

（八）不符合项记录表

编制不符合项记录表（范本）见附件十三。

（九）定置管理

现场中的所有物均应绘制在图上。定置图绘制以简明、扼要、完整为原则，物形为大概轮廓、尺寸按比例，相对位置要准确，区域划分清晰鲜明。定置图应按定置管理标准的要求绘制，但应随着定置关系的变化而进行修改，定置图应根据建筑物（构筑物）设计承重合理布置，对非承重区要重点标识。水轮发电机组 A 修施工网络图及现场定置图（范本）见附件二十一。

第六节　检修物资落实

检修物资是指检修过程中所需要的工机具、备品、备件、材料、安全文明设施、劳动保护用品等物资的总和。充分的检修物资准备是机组检修工作顺利进行的重要基础，物资质量好坏是机组检修能否成功的关键要素。因此，各水电企业在检修准备时必须高度重视物资准备工作。

一、检修物资需求计划编制

检修开工前，水电企业依据检修项目中的标准项目、特殊项目及其他项目或外委加工项目（指需要到厂外单位加工的非标准器件和工器具）等组织完成检修所需备品备件、检修消耗性物资、安全文明设施、劳动保护等物资材料清理工作，检修物资由水电企业生产管理部门统筹，设备管理部门、检修单位配合完成详细的需求清单，检修物资需求清单必须标明物资的名称、规格型号、数量等信息。其中，备品备件物资计划需提供完整有效的技术资料、合格图纸、质量验收标准、技术要求，以供物资管理部门订货时参考；检修消耗性物资如破布、盘根、焊条等由设备管理部门按专业统一平衡后，生成消耗性材料的采购清单进行统一采购；安全文明设施

物资计划由水电企业安全管理部门统一清理后上报；劳动保护物资材料计划申报前，水电企业与检修单位统一清理后，并依据两措计划进行申报。

二、物资需求计划申请

（1）水电企业设备管理部门负责编制、申请物资计划，并提交生产管理部门审批。

（2）水电企业设备管理部门根据实际需要，连同图纸等技术资料提供给物资管理部门订货时使用。

（3）对于检修所需进口设备、备品配件，供货周期较长的物资，应在开工前至少5个月提报物资需求计划，其他物资计划应在开工前4个月提报需求计划。

（4）因项目变更需要调整物资需求计划时，水电企业设备管理部门应在计划变更后3日内提报修订计划，经审批后下达物资管理部门。

三、物资需求计划的审批

（1）提报的物资计划经水电企业生产管理部门进行审核。

（2）批准下达的物资计划由物资管理部门进行采购。

四、物资采购的要求

（1）物资需求计划下达后，物资管理部门应根据清单按要求进行采购，并定期梳理检修物资到货情况。

（2）物资采购必须事先制定验收方法，并形成文件，包括出厂验收、到货检查、合格证、试验报告、分析报告等。

（3）物资采购应按照设备管理部门所提交采购清单的技术要求进行采购，主要包括设备的规格型号、图纸、材质等要求。

（4）原则上检修开工前1周物资应全部到货并验收，若遇特殊情况，应向检修指挥部汇报并制定控制措施。

五、物资的验收与入库

（1）采购物资需到供方货源处验收时，应在采购合同中规定验收方法及时间安排，由水电企业物资管理部门组织实施。

（2）物资到货后，由水电企业物资管理部门负责对到货数量及外观质量进行初验，登记后存放，并应在3日内通知生产技术管理部门、设备管理部门、安全管理部门（必要时）与库房管理员共同对产品质量及文件资料进行验收，合格后签署意见，凡涉及图纸、资料移交时应同时通知档案管理人员参加验收。

（3）采购物资经验收合格后，进行标识和记录并办理入库手续。

（4）物资入库验收应严把质量关，杜绝不合格产品入库；存在不符合项情况时，由物资管理部门负责追索或更换。

（5）对新采购物资，满足转固条件的，设备管理部门负责办理资产的转固手续。

第七节　检修工器具落实

检修工器具是指在检修工作过程中用以协助检修人员达到某种目的的物件。其可用性高低对提高检修效率、保证检修质量发挥着重要作用。机组检修前工器具的准备工作包括工器具的清点、补充、维修、检验及试验。

检修开工前 5 个月，水电企业连同检修单位人员对检修工器具进行清理，各专业编制检修专用工器具、安全用具、常用工器具、试验和计量仪器、运输车辆、特种设备使用计划；检修开工前 1 个月，完成工器具准备及验收，并形成清单。设备管理部门必须对特种设备进行专项检查，发现问题及时处理，消除设备缺陷和潜在安全隐患，并形成最终检查结论，经审批后下发。

一、安全工器具

安全工器具是防止触电、灼伤、坠落、摔跌等事故，保障检修人员人身安全的各种专用工具和器具，分为电气绝缘工器具、安全防护工器具两类。

（1）电气绝缘工器具：主要包括高、低压验电器、绝缘鞋（靴）、绝缘手套、高压绝缘棒、绝缘夹钳、绝缘挡板、便携型接地装置等。

（2）安全防护工器具：主要包括防护眼镜、安全帽、安全绳、腰带、耐酸工作服、耐酸手套、五点式双钩安全带、防毒面具（正压式消防呼吸器）、防护面罩、防砸鞋、临时遮栏、防坠网以及登高梯子等。

二、常用工器具

（1）小型检修机械及工具：主要包括砂轮机、空气压缩机、水泵、滤油机、千斤顶、台钻、链条葫芦、升降机、手推车、移动悬臂吊等。

（2）电动工具：主要包括角磨机、电动扳手、手电钻、冲击钻、电锤、曲线锯、切割机、直磨机、电镐、研磨机、内磨机等。

（3）风动工具：主要包括风锤、风镐、风磨、风动扳手等。

（4）通用工器具：主要包括扳手、起子、榔头、钳子、撬棍等。

三、电气试验、计量仪器

电气试验、计量仪器主要包括万用表、测温表、测振表、摇表、水平仪、百分

表、游标卡尺、千分尺、各种校验仪校验台、仿真仪等。

四、特种设备

机组检修使用到的特种设备主要包括起重机械、起重工器具等。

（1）起重机械：主要包括桥式起重机、电动葫芦、升降机等。

（2）起重工器具：主要包括钢丝绳、手拉葫芦、夹头、卡环、千斤顶、吊带等。

五、运输车辆

运输车辆主要包括 oncall 车（值班待命车辆）、叉车、平板车、货车、吊车、客车等。

六、专用工器具

专用工器具是指发电设备自配的专用工具或根据现场需要自制的专用工具，如发电机转子支架（墩）、拉伸器、制动器打压工装、拔销器、转子测圆架、求心器等。专用工器具应统一存放于固定地点，并做好标识（标识内容应包含名称、型号、数量、用途、保管人等）。基于专用工器具部分为大件物品，建议存放位置空间足够，便于吊装及试验。

七、工器具的准备

（1）检修前对特种设备进行全面的检查、维护。

（2）对检修用车辆进行全面检查和保养。

（3）对安全工器具、常用工器具、试验仪器等按规程进行安全检查、试验。对于安全工器具、试验仪器，需有试验报告或检测报告。

（4）检查检修期间计量标准器具在检验有效期内，超出有效期的器具要及时送检。

（5）对检修单位自备工器具要按相同的标准进行检查落实及验证，不合格的工器具不允许进入检修现场。

八、检验、验收

（1）安全工器具、常用工器具、运输车辆、特种设备由安全管理部门负责按有关管理制度制订检验计划并监督执行，检验合格后由安全管理部门负责验收把关。

（2）仪器仪表、测量器具由设备管理部门负责制订检验检定计划并监督执行，精密仪器送专业机构进行检测。

（3）专用工器具由设备管理部门负责按有关管理制度进行检验。

（4）对不具备试验和检验资格的项目，由责任部门负责委托具有相应资质的单位进行。

（5）对检修单位自备工器具由设备管理部门、安全管理部门按上述职责分工进行检查、落实及验证。

第八节　外包工程项目落实

一、外包工程项目的原则

（1）对有检修队伍或者检修能力的流域公司需由第三方协作完成的工程项目，可根据确定的检修项目工作量大小制订外包工程项目及实施计划，原则上应尽量减少检修项目的外包比重。对无检修队伍或者无检修能力的流域公司除自身能完成项目外，其余检修项目均可外包。

（2）水电企业应制订"外包工程项目管理制度"。其内容包含组织机构与职责、工程项目安全、质量、进度目标、技术管理、验收与评估管理等。

二、外包项目的采购

（1）外包工程项目自立项起，要根据外包工程项目及实施计划明确对外发包项目的专责管理人，对外包项目实行全过程管理。

（2）外包项目按照水电企业采购管理相关办法进行采购，根据外包项目设备设施的生产周期、《中华人民共和国合同法》和检修外包管理的有关规定完成所有检修项目外包施工合同及安全管理协议的签订工作，项目实施前1个月内完成合同签订及施工准备。

三、外包项目开工前准备

（1）检修开工前，按照相关管理规定做好对承包方安全培训、考试、安全技术交底等工作。外包工程项目安全技术交底记录（范本）见附件十四。

（2）承包方的特种作业和计量仪表检定等专业技术人员必须持有相应的资质证书，使用的机具、仪表应符合有关安全和技术规定，并经检验合格。

（3）办理开工手续。

1）外包工程项目正式开工实行逐级审查制度，按照审查程序办理开工手续，经过项目所在部门、安全管理部门审查合格签字后方可进行下一级审查。

2）办理开工手续时，相关审查意见应填写在外包工程项目正式开工审查表中。外包工程项目正式开工审查表（范例）见附件十五。

3）外包工程项目正式开工审查表由项目所在部门、安全管理部门、项目管理部门审查合格签字后，由水电企业分管生产的领导批准开工。

（4）审查内容包括：

1）对外包队伍或单位资质审查并符合规定要求，按规定进行招投标确定队伍，对外包工程所需的项目经理、安全专责、技术专责人员技能要求（含特殊工种）做出明确要求。

2）项目所在部门及安全管理部门审查安全技术交底、施工组织措施、安全培训、现场监护人各项是否已落实。

3）项目管理部门审查技术协议、施工技术措施、工程合同各项是否已落实。

4）水电企业分管生产的领导确认上述审查合格后，批准开工。

四、外包项目的过程管理

外包项目需设置专职监护人对施工全过程进行监护。对现场的安全施工、质量把关、进度控制、合同条款等负责。

五、外包项目的竣工

（1）外包项目完工后由承包方及时通知发包方相关人员进行验收，完善整改内容。

（2）外包项目验收合格后，承包方按发包方竣工结算、决算具体要求提供相关竣工资料，经发包方审核无误后完成归档。

第九节 安全措施落实

一、概述

机组检修全过程规范化管理始终坚持"以人为本、安全第一、预防为主"的方针，以控制检修全过程安全风险和质量保障为目的，为确保检修工作顺利开展，杜绝人身、设备、环保事故发生，优质高效完成各项检修、预试、技改等工作。按照人、机、环、管控制要素，实施检修全过程规范化管理。

二、人员要素控制

参加机组检修人员应具备必要的安全知识和技能，必须接受检修现场安全知识和安全技能培训，总学时不少于 24 学时，经考试合格后方可进入检修现场工作。

检修前，安全管理部门对所有检修人员的体检表、保险单进行审查，并对特种作业人员的从业资格证进行核查。患有高血压、恐高症、色盲、传染病等不适合检修作业的人员禁止参加检修工作。

三、设备要素控制

检修开工前，水电企业根据现场定置示意图及隔离区域设置，对检修现场、检修区域和现场临时消防设施、临时用电设施等进行规划，对检修所需安全设施及标识标牌进行清理、补充。

检修开工前，运行人员需对检修机组及相关辅助设备系统、电气系统进行倒闸操作演练，以确保各项措施的落实和检修工作安全顺利进行。

对重要安全工器具、特种设备进行一次安全性能排查，并形成记录，发现隐患及时整改。

四、环境安全措施落实

机组检修前，根据职业健康的要求，应对机组的检修项目进行危害辨识与危险评价，确定危险源。依据危害辨识与危险评价结果所确定的危险源，应对照有关法律、法规及有关安全规定、标准、机组检修作业特点，制定出相应的管控措施。

检修作业风险分级管控主要是针对各检修作业中存在的危险点进行分析，划分风险等级，并制订、落实相应的防范措施。检修中常见的危险点分析主要是针对进入工作场所、电动工器具的使用、临时电源搭接及使用、起重作业、动火作业、高空作业、受限空间作业等作业活动存在的危险点进行分析，然后制订、落实相应的防范措施。检修作业风险分级管控（范本）见附件十六。

五、管理安全措施落实

检修开工前，水电企业根据拟定的检修项目制定检修全过程安全监管方案，经审核批准后执行。检修全过程安全监管方案（范本）见附件十七。

检修开工前，检修单位应根据检修工作任务编制检修全过程安全文明管理实施方案，经过水电企业和检修单位审核批准后下发。检修全过程安全文明管理实施方案（范本）见附件十八。

根据检修特殊项目和技改项目的施工特点，制订专门的施工安全技术方案，包括安全措施、技术措施、组织措施和应急措施。特种作业或重大操作要制订专项施工安全措施、技术措施、组织措施和应急措施。

　　针对机组检修中可能发生的人身事故、火灾事故、异常来水，在检修前，检修指挥部组织相关检修、运行人员按照应急预案的要求，进行一次防人身伤害和火灾事故的应急预案学习、演练，提高检修、运行人员的应急安全意识和应急处置能力。

第十节　修　前　动　员

　　在检修开始前 1 周，根据机组实际运行情况和修前试验结果，水电企业与上级主管部门签订检修目标责任书。目标责任书内容应包括安全、质量、工期、项目、检修费用、水轮发电机组主要经济运行指标（振摆、温度、漏水量、绝缘值、自动装置及保护投入率和正确动作率、调速器及励磁系统）等目标指标。

　　检修开工前 3 天，大修指挥层组织召开大修动员会，进行检修工作的总动员，对检修工作进行全面部署和安排，以鼓舞士气，同时成立大修党员突击队、青年突击队并授旗。水电企业对上级目标责任书的要求进行层层分解，编制分级目标责任书，在检修动员会上与各检修实施部门或单位签订分项检修目标，并制订具体的保证措施和奖惩考核规定。

04

第四章

机组检修费用管理

第一节　费　用　计　划

一、机组检修费用

机组检修费主要是指为了保持或提高发电主设备的安全性、可靠性、经济性、环保性而支出的检修费用。

二、机组检修费用的种类

机组检修费根据项目种类划分，有标准项目检修费、特殊项目检修费。

三、机组检修费用计划管理

（一）机组检修费用的编制

为合理控制检修费用，各水电企业应编制、上报机组检修费用计划，并遵循以下要求：

（1）标准项目检修费。分专业、按系统编制检修项目内容及费用，明确项目名称、主要检修项目或内容、费用组成明细等，做到费用分配合理，不缺项、漏项。机组检修的标准项目可根据设备的状况、状态监测的分析结果进行增减，但原则上一个大修间隔内所有的标准项目都必须进行。

（2）特殊项目检修费。各专业根据实际情况编制检修特殊项目及费用计划。明确项目名称、列入计划原因、所需主要器材和备品、计划投资等内容，其项目方案和费用构成要真实、准确。特殊项目按更新改造项目管理的要求同等管理，专款专用。

（3）上级主管部门可根据机组服役时间的长短及国内物价上涨指数，在检修标准项目费用浮动区间内对标准项目检修费进行适当的调整，下达后的检修费用指标各水电企业严格控制，严禁突破。

（二）机组检修费用的上报

水电企业每年在规定时间内向上级主管部门报送机组检修标准项目费用，同时申报机组检修特殊项目费用。其中特殊项目按费用大小分为一般特殊项目和重大特殊项目。单项费用在 10 万元及以下的检修项目并入检修标准项目；单项费用在 10 万元以上、100 万元以下的为一般特殊项目，单项费用在 100 万元及以上的为重大特殊项目。

（三）机组检修费用的管理

（1）检修费用由上级主管部门直接下达到各水电企业。水电企业根据上级主管部门下达的费用和机组检修任务，并考虑外聘人工成本、物价等因素，与检修单位洽谈协商检修具体事宜。

（2）检修费用禁止挪作他用，杜绝结余资金转移现象的发生，严格执行专项资金专款专用的费用管理制度。

（3）进行跨年度检修时，检修费用应按照项目实际执行情况进行调整，分年进行计列。

第二节　费用过程控制

机组检修费用的管理和控制从根本上讲就是对材料费（备品备件、消耗性材料、工机具等）和人工费（含监理）的管理和控制，科学有效的检修费用管控方法是有效控制检修费用的有力保证。

机组检修费由厂级技术管理部门进行费用计划申报和批复后的统筹管理使用，年度检修费用计划必须经上级技术主管部门审批，并接受上级技术主管部门的监督、考核。

一、材料费管理控制

（1）根据检修项目，逐一梳理检修需采购的备品备件、消耗性材料、工机具等，并形成采购清单，采购清单编制时应遵循不漏项、不多项、规格型号准确、数量满足需求并留有一定余量的原则。

（2）在采购清单审批过程中，应对清单所列型号、数量、价格进行严格审核、批准后才能进入物资采购流程，水电企业必须按采购管理制度进行采购。

（3）严禁无计划采购和超计划采购，以最大限度提高资金使用效力，降低费用支出，减少库存。

1）统一集中采购：对性能一致、竞争充分的检修所需的大宗物资、特殊材料、机电产品、仪器仪表、备品备件，成套设备等物资实行统一集中打捆采购供应。既有效提高工程质量，又努力降低采购成本，减少资金占用和降低库存积压。

2）强化预算控制：不论采用何种方式订货采购，所订购物资的价格都不得超过物资采购项目的预算价格和同期市场平均价格水平，否则需经重新申请、批准后方可进行采购费用的调整。

3）细化库存物资管理：做好材料和备品到货后的存放管理工作，根据检修项目的备品备件、消耗性材料、工机具等定额，合理安排到货日期，既要满足检修的工期要求，又要减少库存的占用量。

（4）材料的领用：根据检修的实际需求，按照各水电企业物资管理的相关规定，进行检修物资的领用、发放。

二、人工费用管理控制

（一）合理制订人工定额

根据发电机组检修项目、质量验收标准及有关检修工期要求，结合水电企业实际，制订检修项目人工定额。

（二）确定检修工程外包费用

水电企业根据已编制的检修项目人工定额，结合确定的外包项目，核定检修外包费用。

（三）外包队伍的选择

对外承包必须采用招投标的方式进行，为了便于降低检修费用，招投标时要充分考虑检修工作的专业、设备和系统的完整，尽可能地减少现场外包队伍人员的数量。

（四）人工工时的调控手段

检修过程中出现质量缺陷或不符合项时，设备管理部门应及时确认工时及费用的变化并上报水电企业生产技术管理部门。水电企业对施工过程中的消耗工时定期进行统计，作为工程结算的依据。

三、检修费用定额修正、完善

大修结束后，应按照 PDCA 循环方法对各类检修费用进一步进行不断修正和完善。设备管理部门相关人员在检修过程中对已领备品备件、材料的用量进行确认，对消耗的备品备件及材料进行分析，对检修项目的工时进行统计，在此基础上对检修作业文件中的备品备件、材料定额、工时定额进行修订；对标准项目费用、特殊项目费用完成情况进行分析总结。

第三节　核　算　与　分　析

一、核定依据

（1）以上级公司制订的材料费、检修费核定及限额管理相关办法中对检修费的规定为基础。

（2）参考本企业近几年检修费实际发生情况。

（3）国家统计局发布的"工业生产者出厂价格指数"（PPI）和"城镇单位就业人员平均工资和指数"。

（4）借鉴行业内其他发电集团相关标准。

二、核定方法

（1）以机组类型、容量、利用小时、投产年限等为核定依据。

（2）检修费包括发电机组标准项目检修费、一般特殊项目检修费。

（3）水电 100 万元及以上特殊项目费用专项核定。

（4）特殊边远地区的水电企业检修费由上级主管部门专项调整。

三、检修费用限额

（一）水电机组 A 级检修标准项目费用 A_1

水电机组 A 级检修标准项目费用 A_1 为

$$A_1 = X k_1 k_2 k_3 k_4 k_5 k_6$$

式中　X——不同水电机组类型 A 级检修标准项目费用限额，按表 4-1 中限额控制；

　　$k_1 \sim k_6$——系数，见表 4-1。

A_1 主要以机组形式、转轮标称直径为指导，参照机组的容量、利用小时、投产年限、启停次数等核定。

表 4-1　　　　　水电机组 A 级检修标准项目费用 A_1 额度表

转轮直径取值区间 $d_1 < d \leqslant d_2$/mm	混流式或轴流定桨式机组检修标准项目费用限额区间 $X_1 \sim X_2$/万元	轴流转桨式机组检修标准项目费用限额区间 $X_1 \sim X_2$/万元	灯泡贯流式机组检修标准项目费用限额区间 $X_1 \sim X_2$/万元	冲击式机组（单/双转轮）检修标准项目费用限额区间 $X_1 \sim X_2$/万元
≤1200	25～30			
1200＜d≤2500	30～50	45～55		35/65
2500＜d≤3300	50～70	55～75		
3300＜d≤4100	70～95	75～100	75～100	
4100＜d≤5000	95～105	100～110	100～110	
5000＜d≤5500	105～110	110～115	110～115	
5500＜d≤6000	110～115	115～120	115～120	
6000＜d≤6500	115～125			
6500＜d≤7000	125～130			

转轮直径 取值区间 $d_1 < d \leqslant d_2/\mathrm{mm}$	混流式或轴流定桨式 机组检修标准项目 费用限额区间 $X_1 \sim X_2/$万元	轴流转桨式机组 检修标准项目 费用限额区间 $X_1 \sim X_2/$万元	灯泡贯流式机组 检修标准项目 费用限额区间 $X_1 \sim X_2/$万元	冲击式机组（单/双 转轮）检修标准项 目费用限额区间 $X_1 \sim X_2/$万元
$7000 < d \leqslant 7500$	$130 \sim 135$			
$7500 < d \leqslant 8000$	$135 \sim 140$			
$8000 < d \leqslant 10000$	$140 \sim 150$			

注 1. 计算公式。某台水电机组转轮直径 d 在 $d_1 \sim d_2$ 区间，其 A 级检修标准项目费用基本额度 X 为

$$X = x_1 + [(x_2 - x_1)(d - d_1)/(d_2 - d_1)]$$

2. 水电机组容量调节系数 k_1。$P < 10\mathrm{MW}$ 系数为 0.8；$10\mathrm{MW} \leqslant P < 25\mathrm{MW}$ 系数为 1.1；$25\mathrm{MW} \leqslant P < 50\mathrm{MW}$ 系数为 1.15；$50\mathrm{MW} \leqslant P < 100\mathrm{MW}$ 系数为 1.2；$100\mathrm{MW} \leqslant P < 200\mathrm{MW}$ 系数为 1.3；$200\mathrm{MW} \leqslant P < 300\mathrm{MW}$ 系数为 1.4；$300\mathrm{MW} \leqslant P < 500\mathrm{MW}$ 系数为 1.5；$P \geqslant 500\mathrm{MW}$ 系数为 1.6。

3. 水电机组利用小时系数 k_2。年利用小时数取两次 A 级检修期间各年实际利用小时（H）的平均值，$H < 2500$ 系数为 1.0，$2500 \leqslant H < 3500$ 系数为 1.05，$3500 \leqslant H < 4500$ 系数为 1.1，$4500 \leqslant H < 5500$ 系数为 1.15，$H \geqslant 5500$ 系数为 1.2。

4. 水电机组投产年限系数 k_3。机组投产 10 年以内系数为 1.0，10～20 年系数为 1.05，20～30 年系数为 1.1，30～40 年系数为 1.15，40 年以上系数为 1.18。

5. 水电机组启停次数系数 k_4。机组启停次数（启停为一次）取两次 A 级检修期间各年实际机组启停次数的平均值，机组启停次数在 500 次及以下的机组，系数取 1.0，500～1000 次的系数取 1.1；1000 次以上的，系数取 1.15。

6. 混流式机组水头调节系数 k_5。250m 及以上取 1.1。

7. 机组类型调节系数 k_6：抽水蓄能机组系数为 2.0，贯流式机组系数为 1.1，其余类型机组系数为 1.0。

（二）水电机组 A 级检修标准项目外包人工费用 A_2

对于按集团公司劳动定员标准，核定 A 级检修标准项目外包人工费用。水电机组 A 级检修标准项目外包人工费用 A_2 为

$$A_2 = A_1 k_7 k_8 \text{（万元）}$$

式中　A_1——水电机组 A 级检修标准项目费用，按本条第（一）款的方法计算；

　　　k_7——机组容量调节系数，$P < 50\mathrm{MW}$ 系数为 1.55，$50\mathrm{MW} \leqslant P < 100\mathrm{MW}$ 系数为 1.3，$100\mathrm{MW} \leqslant P < 200\mathrm{MW}$ 系数为 1.2，$200\mathrm{MW} \leqslant P < 300\mathrm{MW}$ 系数为 1.1，$P \geqslant 300\mathrm{MW}$ 系数为 1.0；

　　　k_8——检修人员调整系数，未设置检修人员的单位系数为 1.0，其余单位系数为 0.3。

（1）水电机组 A 级检修标准项目总费用 $A = A_1 + A_2$。

（2）水电机组 B 级检修标准项目总费用为 A 级检修标准项目总费用 A 的 50%。

（3）水电机组 C 级检修标准项目总费用为 A 级检修标准项目总费用 A 的 30%。

05

检修现场安全、文明、环保管理

第一节　概　　述

　　检修安全管理最根本的目的是保护人员生命安全、身体健康，保证检修项目的顺利实施，不因检修作业造成设备损坏和环境污染，同时在检修过程中文明作业，树立良好的企业形象。机组检修前应成立检修现场安全、文明、环保管理机构，明确各级人员职责，在检修过程中履职到位。

第二节　检修现场安全管理

一、检修现场人员安全管理

（一）检修人员安全教育

1. 入场前安全教育

　　检修人员入场前必须进行厂级、部门、班组三级安全教育，经考试合格后方可入场。

2. 班前会

　　（1）检修人员每日进入检修现场前都要接受班前安全交底，由检修组负责人和检修各专业负责人组织在工作地点前列队宣讲，对检修作业人员进行"六交四查双述"交底（六交：交代工作任务、交代工作范围、交代危险点、交代安全措施、交代技术措施、交代应急措施；四查：查精神状态、查工作着装、查劳保用品、查工器具；双述：现场手指口述、岗位安全描述），组织学习相关安全事故通报，检修组安全员跟踪执行情况，检修专业负责人对每日的交底做好记录，安全员每日在表格上进行签字确认。

　　（2）相关管理人员负责抽查班前会落实情况。

3. 班后会

　　每日工作结束后，检修组负责人和检修各专业负责人等进行工作总结，现场清点人数，分析总结当天工作中安全、质量存在的问题及布置下一步工作计划。班前班后会记录参照表5-1执行。

（二）检修人员职业健康管理

1. 通用管控措施

　　（1）对可能发生急性职业损伤的有毒、有害工作场所，应当设置报警装置，配置现场急救用品、冲洗设备、应急撤离通道和必要的泄险区。在可能突然泄漏或者溢出 SF_6 的工作场所，除遵守上述规定外，还应当安装事故通风装置以及与事故排风系统相连锁的泄漏报警装置。

表 5-1   班 前 班 后 会 记 录 表

时间	年 月 日	主持人	
班前会			
技术交底			
安全交底 一、反违章学习 …… 六交四查 （一）六交 1.交代工作任务： 2.交代工作范围： 3.交代危险点： 4.交代安全措施： 5.交代技术措施： 6.交代应急措施： （二）四查 □查精神状态　　　　　□查工作着装 □查劳保用品　　　　　□查工器具			
参加人员			
班后会			
一、今日工作完成情况 …… 二、现场安全情况总结 ……			
参加人员			
安全监管人员			

（2）存在职业危害的工作场所，应当在醒目位置设置警示标识。警示说明应当载明产生职业危害的种类、后果、预防和应急处置措施等内容。

（3）在产生或存在职业病危害因素的工作场所、作业岗位、设备、材料（产品）包装、贮存场所设置相应的警示标识。

（4）产生职业病危害的工作场所，应当在工作场所入口处及产生职业病危害的作业岗位或设备附近的醒目位置设置符合《工作场所职业病危害警示标识》（GBZ 158）等标准的警示标识。

（5）生产、使用有毒物品工作场所应当设置黄色区域警示线。生产、使用高毒、剧毒物品工作场所应当设置红色区域警示线。警示线设在生产、使用有毒物品的车间周围外缘不少于 30cm 处，警示线宽度不少于 10cm。

（6）对产生严重职业病危害的作业岗位，除按要求设置警示标识外，还应当在其醒目位置设置职业病危害告知卡。告知卡应标明职业病危害因素名称、理化特性、健康危害、接触限值、防护措施、应急处理及急救电话、职业病危害因素检测结果及检测时间等。

（7）检修单位定期组织进行安全检查，发现问题及时整改，并做好检查记录。

（8）不得安排有职业禁忌的劳动者从事其所禁忌的作业；对在职业健康检查中发现有与所从事的职业相关的健康损害的劳动者，应当调离原工作岗位，并妥善安置。

2. 劳动防护用品的配备

（1）按照国家颁发的劳动防护用品配备标准以及有关规定，为检修人员配备劳动防护用品，并督促、教育、指导检修人员劳动防护用品选用规则按照使用规则正确佩戴、使用。

（2）检修单位对职业病防护用品进行经常性的维护、保养，确保防护用品有效，不得使用不符合国家职业卫生标准或者已经失效的、明令淘汰的职业病防护用品。

（3）检修单位对劳动防护设施进行定期或不定期检查、维修、保养，保证防护设施正常运转，每年应当对防护设施的效果进行综合性检测，评定防护设施对职业病危害因素控制的效果。

（4）检修单位编制防护设施操作规程，并对防护设施性能、使用要求等相关知识进行培训，并指导正确使用职业病防护设施。

（5）不得擅自拆除或停用防护设施。如因检修需要拆除的，应当采取临时防护措施，检修后及时恢复原状。

（6）不得采购和使用无安全标志的特种劳动防护用品；购买的特种劳动防护用品须经安全环保部或者管理人员检查验收。

（7）不得使用国家明令禁止使用的可能产生职业病危害的设备或者材料。

3. 检修现场可能发生的职业病预防措施

（1）接触各种粉尘，引起的尘肺病预防控制措施。

1）作业场所防护措施：加强对除锈打磨工作场所的扬尘防护，如顶盖、导叶打磨场地需搭设防尘棚，并设置警示标识，任何人不得随意拆除。

2）个人防护措施：给检修人员提供扬尘防护口罩，杜绝检修人员的超时工作。

3）检查措施：在检查项目工程安全的同时，检查工人作业场所的扬尘防护措施的落实，检查个人扬尘防护措施的落实，每天不少于一次，并指导检修人员减少扬尘的操作方法和技巧。

（2）电焊工尘肺、电光眼的预防控制措施。

1）作业场所防护措施：为电焊工提供通风良好的操作空间。

2）个人防护措施：作业时佩戴有害气体防护口罩、眼睛防护罩，杜绝违章作业，采取轮流作业，杜绝焊接人员的超时工作。

3）检查措施：在检查项目工程安全的同时，检查落实工人作业场所的通风情况，个人防护用品的佩戴，及时制止违章作业。

（3）直接操作振动机械引起的手臂振动伤病的预防控制措施。

1）作业场所防护措施：在作业区设置防职业病警示标识。

2）个人防护措施：机械操作工要持证上岗，提供振动机械防护手套，采取延长换班休息时间，杜绝作业人员的超时工作。

3）检查措施：在检查工程安全的同时，检查落实警示标识的悬挂，工人持证上岗，防震手套佩戴，工作时间不超时等情况。

（4）油漆工、粉刷工接触有机材料散发不良气体引起的中毒预防控制措施。

1）作业场所防护措施：加强作业区的通风排气措施。

2）个人防护措施：给作业人员提供防护口罩，采取轮流作业，杜绝作业人员的超时工作。

3）检查措施：在检查工程安全的同时，检查落实作业场所的良好通风，工人持证上岗，佩戴口罩，工作时间不超时，并指导提高中毒事故中职工救人与自救的能力。

（5）接触噪声引起的职业性耳聋的预防控制措施。

1）作业场所防护措施：在作业区设置防职业病警示标识，对噪声大的机械加强日常保养和维护，减少噪声污染。

2）个人防护措施：为检修人员提供劳动防护用品，采取轮流作业，杜绝检修人员的超时工作。

3）检查措施：在检查工程安全的同时，检查落实作业场所的降噪措施，工人佩戴防护耳塞，工作时间不超时。

（6）长期超时、超强度的工作，精神长期过度紧张造成相应职业病预防控制措施。

1）作业场所防护措施：提高机械化施工程度，减小工人劳动强度，为职工提供良好的生活、休息、娱乐场所，加强检修现场的文明施工。

2）个人防护措施：不盲目抢工期，紧急情况下必须安排充足的人员能够按时换班作业采取 8 小时作业换班制度。

3）检查措施：工人劳动强度适宜，文明施工，工作时间不超时。

（7）高温中暑的预防控制措施。

1）作业场所防护措施：在高温期间，为职工备足饮用水或绿豆水、防中暑药品等；夏季施工应尽量减少室外作业。

2）个人防护措施：减少工人连续工作时间，尤其是延长中午休息时间。

3）检查措施：夏季施工，在检查工程安全的同时，检查落实饮水、防中暑物品的配备，工人劳逸适宜，并指导中暑情况发生时，职工救人与自救的能力。

二、现场安全管理基本要求

（1）所有检修作业必须按要求设置检修作业区。

（2）人员着装和安全帽佩戴符合电力安全工作规程有关要求。

（3）高处作业必须使用五点式双钩安全带。在危险的边沿处工作，临空的一面应装设安全网或防护栏杆、护板等。

（4）在有可能造成高空落物和电焊作业的下方应设围栏和安全标志，并设监护人，防止落物伤人和引起火灾。

（5）交叉作业应有防止落物的封闭遮挡措施。交叉作业工作现场一律使用工具袋，不准将材料、工具放在管道上、钢架上、格栅上。

（6）在定、转子、上下机架、脚手架平台上放置螺丝和零星工具应使用托盘，并做好防止坠落的措施。

（7）做好防止二次污染措施，凡油系统有工作，必须在地面铺上塑料布，再在上面铺一层胶皮，防止油等液体渗漏到地面。

（8）揭开盖板或打开孔洞，必须设置符合防护要求的围栏和护板，并挂安全警告牌。

（9）平台栏杆及楼梯扶手，严禁随意拆除。因工作需要，确需拆除时，须向技术管理部门申请，经批准并采取可靠的安全防护措施后，方可实施。工作结束后应及时恢复原貌。

三、现场安全管理重点要求

（一）临时用电管理

（1）检修现场搭接临时电源，必须严格执行电力安全工作规程中有关电气安全注意事项的规定。

（2）临时用电必须办理申请、审批手续，并应在申请中注明使用容量、电压等级、地点、期限等。经批准后，方可进行接用临时电源，严禁超过申报容量用电。

（3）检修现场临时电源接、拆线由专职电工负责。

（4）检修用电搭接完后，需填写临时电源塔接卡，如图5－1所示，并挂在临时电源接线端100mm处。

临时电源搭接卡		
用电事由：	用电设备：	
电源接入点：	允许负荷：	
使用班组：	工作负责人：	
安全注意事项：		
电源接入时间：　月　日　时　分	搭接班组：　　签名：	

图5－1　临时电源搭接卡（模板）

（5）每台用电设备必须实行"一机一闸一保护"。

（6）检修人员收工后、长时间离开现场或遇临时停电时，应切断用电设备电源。工作结束后，由使用部门联系电工拆线，禁止私自拆线。

（二）高处作业管理

（1）高空作业人员应身体健康，精神状态良好，饮酒或患有不适应进行高空作业疾病的人员不得从事高空作业。

（2）高空作业时，作业区下方应设防护遮栏或提示遮栏，挂安全标示牌。

（3）高空作业时应正确佩戴五点式双钩安全带、安全帽。

（4）高空作业时禁止抛掷工器具或物件，下方和周围应设置安全网，攀爬竖梯时严禁负重或手拿物件。

（5）高空作业时工器具应绑扎使用，物品、物件应放置牢靠。较大的工具应用绳拴在牢固的构件上，不准随便乱放，以防止高空落物。

（6）在危险的边沿进行工作，临空一面应装设安全网或防护栏杆。

（7）在5级以上大风及暴雨、打雷、大雾等恶劣天气，应停止露天高处作业。

（三）起重作业

（1）起重作业人员必须持证上岗。

（2）吊装转子、上下机架、顶盖、转轮前，起重工作负责人认真检查并填写《现场起吊作业安全检查卡》（表5－2），并将内容向工作组全体人员进行认真交底。交底后，工作组成员在签字栏签字。

表 5 - 2 现场起吊作业安全检查卡

部门		吊具名称/规格		起吊装置名称	
作业地点		允许起重量/kg		额定起重量/kg	
工作负责人		索具名称/规格		吊物名称	
检修单位安全专工		允许起重量/kg		重量/kg	
工作组成员签名					

	检 查 内 容		
序号	检 查 项 目	检查情况	备注
1	根据吊重物件的具体情况选择相适应的吊具与索具,其允许起重能力必须大于物件的重量并有一定的余量		
2	钢丝绳无断丝、断股、严重磨损等现象;吊索外观完整,无破损,安全标签无损坏。U形螺栓外观完整,无缺损,截面满足荷重要求		
3	起吊大的或不规则的构件时,应做到四角兜挂、平衡起吊,在构件上系以牢固的拉绳,各连接点应牢固可靠。起吊工作区域已设置明显的安全警示标志		
4	吊具承载时不得超过额定起重量,吊索(含各分支)不得超过安全工作载荷(含高低温、腐蚀等特殊工况)		
5	起吊时必须将绳索挂在设备的全部专用起吊点处(如吊耳、吊鼻、吊孔、牛腿)吊挂绳之间的夹角应小于120°,以免吊挂绳受力过大		
6	绳、链、吊索所经过的棱角处应加衬垫		
7	作业中不得损坏吊件、吊具与索具,必要时应在吊件与吊索的接触处加保护衬垫		
8	起重机吊钩的吊点应与吊物重心在同一条铅垂线上,使吊物处于稳定平衡状态		
9	禁止司索人员或其他人员站在吊物上一同起吊,严禁司索人员或其他人员停留在吊物下方		
10	起吊重物时,检修人员应与重物保持一定的安全距离		
11	起吊前应对吊物经过的路线及放置地点进行检查确认,做好安全警示及准备工作		
12	发现不安全情况时,应及时通知指挥或操作人员		
13	捆绑后留出的绳头,必须紧绕吊钩或吊物上,防止吊物移动时,挂住沿途人员或物件		
14	同时吊运两件以上重物,要保持平稳,不得相互碰撞		
15	起吊重物就位前,要垫好衬木或支撑,保持平衡		
16	进入悬吊重物下方时,应先与司机或操作人员联系并设置好支撑装置		
17	卸往运输车辆上的吊物,要注意观察中心是否平稳,确认不致倾倒时,方可松绑、卸物		
18	工作结束后,所使用的绳索吊具应放置在规定的地点		

(3)对重大、特殊起重工作前,必须编制专项起吊方案,制订专门的安全、技术和操作措施,经检修总指挥批准后执行,并组织方案上所有人员进行学习。同时,项目部应组织安全和有关专业人员对起重机械进行全面检查,发现问题及时整改,合格后方可进行起吊工作。检修指挥部成员、检修部门负责人和安全管理人员应到场监督、指导。

（4）起重工作必须由专人负责指挥（明确一人指挥，特殊情况下需要增加一名中间指挥人员），佩戴标志，指挥用具（口哨、旗、通信工具等）齐全，信号明确、规范。

（5）起重作业行走前应选择行走路线。行走路线应选择在无重要设备，无人员作业区域，行走时，由指挥人员跟随起重行车协调、指挥；大件应用绳索进行牵引。

（6）严格遵守起重作业"十不吊"。

（四）进出发电机内部管理

（1）检修期间发电机进出口必须有专人值守，进发电机内部必须在"进出发电机内部登记记录本"上进行登记，记录本范本见附件十九，出发电机内部时进行逐项注销。不得将工器具、配件、材料遗留在风洞内，工作间断时风洞门应上锁，防止人员随意进入。

（2）所有进入发电机风洞内作业、检查等人员，在进入风洞前必须将与工作无关的随身物品取出，严禁带入风洞。

（3）每天检修作业结束后，值守专人核实风洞内已无人员、工器具和材料无遗留后，将风洞门关闭并上锁。

（4）在发电机转子上作业时，必须做好防摔跌措施，边缘作业应系好五点式双钩安全带，转子支臂之间的孔洞用专用盖板进行可靠遮盖。

（5）在风洞的相关设备进行焊接作业，必须按照相关的管理规定做好防火措施和配备消防器材，作业中断或完成均应检查无火种遗留。焊接接地线必须按规定要求搭接，避免焊接作业对轴瓦、转子绝缘等部件产生灼伤。焊接作业完成后，应立即清除焊渣，清点剩余的焊条、焊头数量，应与带入量相符合，并带出洞外。

（6）当进行发电机定、转子耐压试验时，发电机风洞内所有检修人员必须撤出。

（7）全部检修作业完成后，应对发电机风洞进行全面清扫检查，检查定子、转子气隙内无杂物，转子支臂、定子机座等各处清扫干净，工器具、行灯等清点后退出风洞，无妨碍转子转动的物件遗留在内，并按规定程序验收合格后，方可将风洞人孔门封闭。

（五）脚手架搭设（拆除）

（1）脚手架搭设人员必须持证上岗。

（2）脚手架搭设必须履行申请手续，填写脚手架搭设申请单。

（3）脚手架（移动脚手架）的搭设和拆除必须符合电力安全工作规程要求。

（4）脚手架搭设应根据施工使用要求，按照脚手架搭设标准搭设，并履行验收程序，经验收合格并挂牌后方可使用。

（5）检修工作结束后，应按照安全管理要求填写拆除申请单，拆除脚手架。脚手架搭设申请、验收、拆除申请单（范本）见附件二十。

（六）防火措施

（1）在防火重点部位和禁止明火作业场所动火作业，必须办理动火工作票，采

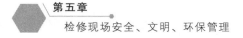

取安全防火措施，并做好监护，动火工作结束后必须检查确保无遗留火种。

（2）检修现场易燃易爆物品要做好防火措施，远离火源，及时清运。

（3）焊接现场要做好防止焊渣掉落和飞溅的措施，并配备足够的灭火器。上下焊接作业要检查下方有无易燃物，并做好隔离措施，设专人监视，防止引起火灾。

（4）氧气瓶、乙炔瓶帽、防震圈应齐全，并垂直固定放置，存放数量和存放距离不得超过电力安全工作规程规定。

（5）在受限空间内的焊接作业，必须按照有关规定做好防火、通风、应急措施。

（6）检修现场除设备部件清洗所用汽油、煤油、酒精、清洗剂、香蕉水、油漆等不得超过规定数量。

（七）危险化学品管理

（1）检修现场可能存在的危化品主要包含无水酒精、油漆、香蕉水、煤油、清洗剂、水银、丙酮、探伤剂、除锈剂、松动剂等。

（2）必须严格遵守分类存放的原则，严禁把相混可能出现危险情况的危险品存放在一个仓库内。存放危险化学品的仓库内必须保持通风良好，禁止在仓库内或附近进行可能产生明火或高热的作业活动。

（3）危化品必须有完好的包装和醒目的警示标识及危化品安全技术说明书。

（4）危化品管理必须实行"双人保管、双人领取、双人使用、双把锁、双本账"管理。

（5）严格按照水电企业相关制度定额领用并实行登记管理，当天用不完的必须退回仓库保管，不得存放于检修现场。

第三节　检修现场文明施工管理

一、检修现场隔离

（一）隔离区设置的范围

（1）运行区域与检修区域的隔离。检修区域包括发电机层、水轮机层、技术供水室、调速器及油压系统、启闭机室、蜗壳尾水进人门、推力外循环、安装间等区域须采用物理隔断并标识。

（2）检修区域内可根据实际需要设置动火作业区、垃圾堆放区、有限空间作业区、设备摆放区、清洗区等。

（3）需在运行区域内放置检修设备的，可设置临时隔离区。

（二）隔离区设置的要求

（1）检修区域内统一使用立式信息牌，放置在隔离区醒目位置，尺寸为297mm×420mm（A3纸尺寸），合理地设置检修区域的进、出通道。

（2）检修区域和运行区域必须使用硬质围栏进行隔离，隔离围栏采用PVC板或塑料板制作，面层采用户外车贴，尺寸为1200mm×900mm（宽×高），运行区域和检修区域围栏进行颜色区分，做到统一、整齐、美观。并用检修区域、运行区域信息牌进行区分。

（3）检修区域地面底层铺设塑料薄膜、上层铺设灰色工业地板，检修通道铺设绿色工业地板。

（4）检修区域、运行区域内的相关隔离区可使用隔离带进行隔离。

（5）检修作业区内的非承载区必须进行明确标识，并禁止放置重物。

（6）检修作业区内有井、坑、孔、洞等危险场地必须采用防护遮栏围成，必要时可留有带活动门的出入口。

（7）检修区域根据需要设置临时动火作业区等，并设置信息牌。

（8）检修区域内墙面采用静电薄膜进行防护，高度统一，不低于1500mm。

二、检修现场定置管理

严格按照安全文明管理实施方案中作业区布置要求实施，符合规范作业要求。安全文明环保监督组负责现场定置摆放的指导、监督、检查工作。

（1）检修前应结合检修现场实际，划清定置管理范围，制定检修现场的工具、设备、材料、工件等平面定置图。

（2）现场各类物品应根据定置图摆放，禁止占用消防通道和人行通道。

（3）检修中拆卸的零部件要分类整齐摆放，严格按照指定位置摆放，并设置设备信息牌（包含设备名称、工作负责人、工作内容、检修状态），室外放置时要采取防雨雪措施。

（4）检修作业区内各类物品严禁混杂堆放，易燃、易爆、化学材料、放射源等危险品按照国家相关规定放置并设专人管理，悬挂安全警示信息牌。

（5）检修拆除的大件，如转轮、转子等部件，按照定置图或设计要求放置，并设置设备信息牌（包含设备名称、工作负责人、工作内容、检修状态）。

（6）周转工具、材料、备品备件设置临时摆放区域，以保证检修现场整洁，道路畅通。

（7）"六牌两图"采用电子显示屏，摆放在醒目位置，整齐美观，不得靠近运行

设备。

（8）卷扬机、千斤顶、链条葫芦、滑轮及其他大型工器具，在检修现场放置时，应设置临时摆放区，并设置信息牌，禁止乱堆乱放。

（9）大件螺栓、销轴类和其他易滚动、易倾倒的零部件，应排列在木板上并做好防止螺纹碰伤、滚动的措施。小件螺栓、螺母等应使用专用盘或容器收好，并做好标识，以免丢失。

（10）检修作业中产生的三废及垃圾应设置临时摆放区，禁止倒入下水道或管沟，并注意避免污染地面，每日下班前清理。

三、检修现场作业文明管理

检修现场作业文明管理水平影响检修安全、检修质量、劳动效率、作业环境等方方面面的工作。各作业区工作负责人应确保每层、每个作业区卫生保持清洁。

（1）进入现场作业人员应按电力安全工作规程规定配置安全劳保用品，并正确佩戴，禁止穿拖鞋、凉鞋、高跟鞋及裙子进入生产现场，同一单位统一工作服装、安全帽。

（2）作业人员在厂区内应按规定的行走路线行走，禁止打逗、吵闹。

（3）生产场所地面、墙壁、通道、平台、栏杆、护板、盖板齐全完整，如在检修中需要拆除或移动，必须设立临时围栏和标志，检修工作结束前恢复。

（4）现场作业应做好防护措施，做到"三不落地"。电焊作业、重物摆放等，工作前应重点保护，保证检修场所的地面完好无损。

（5）生产场所、通道采光良好，照明充足。检修现场临时增设的照明电源和施工用电，其电缆摆设整齐，不影响行人及运输设备通过，须做到人走灯熄。

（6）特殊设备及特殊部位应按有关规定设置安全标志、消防标志、通道标志等。如因检修必须移动或拆除，检修结束前必须恢复。

（7）检修设备有名称、有标志，物见本色，无油污、无垢、无灰。检修现场必须做到卫生随时进行清理，无死角。

（8）检修现场分类设置的垃圾箱，其密封性良好，防止液体外流，应存放在指定的位置、摆放整齐，箱上贴有"垃圾箱"字样标识。

（9）检修现场临时使用的油、水、气管路，应摆设整齐，不影响行人及运输设备通过，管路各接头密封应严密无滴漏。

（10）拆除的零件要清扫干净后方可摆放至规定位置。

（11）检修现场主要通道平整畅通，沟道盖板齐全完整，下水道、排水沟无堵塞，电缆沟无积水、电源线与电话线分开敷设，路灯、照明保持完好。

（12）检修现场、设备、表盘、工作台表面无积灰、积垢、积油，铭牌标志齐全醒目。

（13）各类车辆停放在车库或指定地点，不得乱停乱放。

（14）对油类等易燃品要妥善保管，对清洗剂、地面油污、油棉等要及时清除或放在指定地点，防止发生火灾。

（15）检修现场未经许可不准搭建临时建筑。使用的工具柜应放在指定区域，柜内物品摆放整齐。

（16）顶盖除锈、主轴密封检修、定转子喷漆等影响现场环境的作业必须搭设防护棚，并保证通风良好。

（17）在作业区的显著位置设置作业信息牌，在同一区域或设备进行平面交叉作业设置一个隔离区的，应并排设置每项工作的作业信息牌。作业信息牌内容应包括工作内容、工作负责人、工作班成员、安全防范措施。

第四节　检修现场环保管理

一、检修废弃物的管理

（一）检修废弃物的分类

水电企业设备检修过程中会产生大量的废弃物，主要分为危险化学品废弃物、油类废弃物、固体垃圾、气体废弃物。

（二）检修废弃物的处置

（1）检修现场必须设置固定的废弃物回收区域，隔离区地面铺设必要的地革、胶皮垫、吸水材料等。

（2）在废弃物的回收区内，应根据场地条件和用途划分存放区域，不同区域必须设置废弃物类别的明显标志。

（3）无回收利用价值的废弃物应作为垃圾进行处理。设立普通固体垃圾箱和液体垃圾桶（专用容器）、有毒有害垃圾箱、易燃易爆垃圾箱，将垃圾分别放入不同垃圾箱内，挂名称标志牌和安全标志牌。

（4）一般固体废弃物如无回收利用价值可直接丢弃在垃圾桶内。液体废弃物如无回收利用价值应分类放入液体垃圾桶内，按环保要求统一处理。检修垃圾存放区用提示遮栏隔离，挂名称标志牌和安全标志牌。

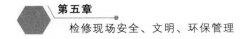

（5）危化品废品必须集中收集，统一处理，禁止随意堆放。

二、施工过程控制

（1）开展防腐工作时，保持现场通风顺畅，同时做好防护措施，防止油漆滴落地面、地沟、孔洞等地方。

（2）可能造成较大粉尘的工作如导叶、顶盖的打磨作业必须搭设防护棚，作业人员必须戴好防护用品。

（3）检修过程中使用清洗剂、香蕉水等溶液时，保持现场通风顺畅，地面、墙面应做好防护，作业人员必须戴好防护用品。

（4）拆卸的油管道端口应做好封堵，防止管道内余液随意滴落至地面、排水沟等。

（5）电焊作业现场应保持通风顺畅，作业人员戴好劳动防护用具，现场设置弧光伤害警示牌。

（6）提倡文明检修，反对简单粗暴、野蛮检修，防止检修中 SF_6、润滑油、清洗剂等物质泄漏。

第五节 监 督 与 检 查

一、基本要求

（1）检查各项检修安全制度、措施的执行情况，对人的不安全行为、物的不安全状态和环境不安全因素等进行全面有效的监督与控制。

（2）检修期间，安全文明环保监督组，要依据检修安全管理制度和要求，对检修现场进行全员、全过程、全方位、全时段、全因素监督检查，并督促检修组成员对查出的问题立即进行整改。

（3）在检修现场设立"红榜"和"黑榜"，对每天检查到的违章现象进行曝光以及对做得好的提出表扬。

二、问题通报及整改落实

（1）安全文明环保监督组发现不安全现象时，立即下发整改通知，并跟踪落实整改情况，实行闭环管理；

（2）检查发现的问题，安全文明环保监督组要按照企业有关规章制度进行考核。

06

第六章

机组检修质量控制

第一节 组织机构及职责

机组在检修之前，水电企业检修指挥部应根据检修计划组织成立质量验收组，质量验收组应包含水电企业人员、检修单位人员及监理单位人员。质量验收采取三级验收与质检点（W点、H点）签证相结合的方式进行。水电企业对检修质量验收制度、工艺质量标准及奖惩办法等的制订与执行情况负责；检修单位对检修质量及测量资料的准确性负责。提倡实行设备主人负责制，设备主人必须全过程监督检修工作，特别是检修质量的验收。

第二节 质 量 控 制

检修工作必须强化全过程质量管理，实行质量责任制和追溯制，严格执行三级质量验收与质检点（W点、H点）签证制度。当发生质量问题时，应分析原因，举一反三，有效整改，完善预控措施，做好台账记录。

一、质量控制原则

水电企业应按照《质量管理体系 要求》（GB/T 19001）建立质量管理体系，并按照质量验收单、签证单、检修工序卡、作业指导书、规程规范的要求进行检修质量管控。

（1）在检修全过程中贯彻"应修必修、修必修好，应试必试、试必试全"的方针，强化检修全过程质量管理。

（2）检修开工前，编制下发检修质量验收组织措施，明确质检点验收的责任人与验收方式。

（3）检修过程中，严格执行三级质量验收制度。质量验收实行水电企业和检修单位三级联合验收制，实行双签验收管理。检修人员必须在检修过程中严格执行检修工艺规程和质量标准。

（4）根据检修进度，质检点验收人员及时进行阶段性验收，验收不合格时应立即要求检修人员纠正并填写不符合项通知单，按相应程序处理，未纠正前不得进行下一阶段的工作。

（5）所有项目的检修质量验收均应实行签字负责制和质量追溯制，并归纳到检修竣工资料中保存。

（6）设备的分解、检查、修理和复装全过程中，应对全部质量见证点、停工待检点进行见证和检查，严格按照检修规程、标准化作业指导书进行，并有详尽的记录。

二、W 点、H 点设置原则

W 点、H 点是指在工序管理中根据某道工序的重要性及难易程度而设置的关键工序质量点，这些控制点不经质量验收组签证不得转入下道工序，其中 H 点为不可逾越的停工待检点，W 点为质量见证点。选择控制点的目的是将影响检修质量的关键工序选出来，通过有关的质量验收人员的验证和见证活动，以证实所进行的检修活动满足质量要求，决定哪些是关键质量工序需要写入检修质量控制中。

（一）W 点的设置原则

W 点即质量见证点。根据设备特点，对影响设备稳定运行的过程和影响产品关键质量特性的过程及工艺要求，需由检修作业人员和质量验收组人员进行质量验证的点。见证点在到达通知的验收时间，而质量验收组人员未到场的情况下，可以进行下一道工序。W 点的选择范围一般为重要设备检修过程中的检查和试验工序，以下环节也要酌情设置 W 点：

（1）根据以往经验，容易出现质量问题的环节。

（2）使用不常用工艺技术的环节。

（二）H 点的设置原则

H 点即停工待检点。H 点适用于安全相关系统设备、重要设备及影响水电企业指标的检修质量控制点，在选取时应遵循保证检修质量并尽可能少的原则，该点对检修工作效率有一定的影响。H 点的选择范围为安全相关系统/设备和关键、重要设备的检修活动及影响水电企业指标的相关试验。以下工作步骤一般要设置 H 点：

（1）出现质量问题后不能进行复检或复检非常困难的工序，如设备常规检修后盖板复装。

（2）出现的质量问题不能通过返工加以纠正或将花费巨大代价才能纠正的工序，如确定某些加工件尺寸、加工标准、加工过程的环节。

（3）验证是否符合工艺技术标准的关键环节，如测量设备零部件的装配间隙，转动机械中心的最终检查或品质再鉴定等工序。

（4）重要关键设备检修开工前的先决条件检查。

（5）工作结束前的检查，如容器关闭时的检查。

（三）W 点、H 点的设置

W 点、H 点的设置参考附件八。

三、检修质量基本要求

设备检修后，应达到以下基本要求：

（1）设备检修后，检修项目无漏项，设备缺陷已消除。

（2）达到各项检修工艺质量标准。

（3）设备清洁见本色，卫生无死角。

（4）可靠性、经济性提高，满足系统要求。

（5）设备修后性能参数达到设计值。

（6）各种信号、标志齐全，正确，安全设施完善。

（7）监测装置、安全保护装置、主要自动装置投入率100％，动作可靠。

四、备品备件的质量控制

在检修过程中根据检修进度，检修单位与水电企业提前对备品备件再次进行现场验收，形成记录，未经验收或验收不合格的禁止使用。

五、检修工序控制

设备分解、检查、修理和复装的整个过程中，检修人员应按照检修作业文件或作业指导书进行现场设备检修工作，并有详尽的记录，及时通知质量验收人员到场验收。特殊作业的过程控制必须满足专项技术方案措施的要求。

（一）分解、检查阶段

（1）检查与相关设备和系统连接部分的分解、隔离是否适当。

（2）全面测量检查，验证上次检修效果及校正本次检修计划的准确性。

（3）检查所拆卸设备的原始测试数据、设备各部分之间的相对位置记号是否正确、详细，若记号不全时进行补充、完善。

（4）对故障部位进行测绘、拍照、试验，对设备缺陷应进行重点检查，分析原因。

（5）全面分析评价设备状况，及时调整检修项目、进度和费用等计划。

（二）修理阶段

（1）设备修理过程中应做好精密零部件的防锈、防腐蚀措施，设备清洁，卫生无死角。

（2）修理重点设备或有重大缺陷的主设备时，水电企业、监理单位、检修单位三方相关负责人都应在现场指导及见证。

（3）设备修理完成后，原有的铭牌、防护罩、标牌、栏杆、平台及临时孔洞等需恢复原样。

（4）设备修理完成后，严格执行三级验收制度及质检点（W 点、H 点）见证制度，保证检修质量满足标准要求。

（5）梳理、确认所有缺陷均已处理。

（三）复装阶段

（1）在分项验收合格后方可进行复装。

（2）复装应做到不损坏设备、不错装漏装零部件、不将杂物遗留在设备内。

（3）复装过程中，应有详尽记录，必要时应对关键部位、关键工序、工艺进行拍照或摄像。

六、质量验收控制

机组检修验收包括分项验收、分部验收、启动前整体静态验收。机组检修验收需严格执行国家和电力行业的有关标准、规程、规范，执行检修规程和检修作业指导书的质量标准及检修工序。

设备检修工作至某一质检点或质量验收时，在自检合格后由工作负责人提出验收申请。验收申请应提前通知验收人员，验收人员在接到验收申请后，应在规定时间内到达验收现场。现场质量验收人员应对设备检修的各种标准适用性、技术数据正确性、工艺可靠性等验收结果负责，验收前应检查验收单、相关数据记录、必要的图片及影像资料等是否齐全，验收时对一些重要数据进行复测、对一些重要过程进行再确认，从而达到质量控制的目的。验收后明确验收结果并签字确认。

所有项目质检点验收实行签字负责制和质量可追溯制，质检点验收参加人员原则为：W 点为质量验收组二级验收人员，H 点为质量验收组三级验收人员，有监理单位的可参照执行。

七、不符合项管理

（1）检修过程中发生以下情况之一时，应判定为不符合项：

1）按照检修程序执行到某工序无法进行下去。

2）检修程序、记录卡片等检修文件中存在明显影响检修质量的问题。

3）达不到检修程序所规定的技术要求。

4）检修过程中没有要求更换的零部件损坏或发现不能消除的达不到验收标准的质量缺陷。

5）更换的备品备件其规格型号外形尺寸等不合要求。

（2）检修过程中出现的不符合项管理的处理程序，符合规定要求，办理闭环手续。不符合项一般处理流程如下：

1）检修人员或其他人员发现不符合项，该项工作应立即停止，汇报检修组进行确认。

2）不符合项发现人填写不符合项报告，上报质量监督保障组。

3）质量监督保障组制订纠正措施，进行审批下发。

4）工作负责人根据下发措施组织实施，进行纠正。

5）纠正后，由质量验收组组织验收、确认，处理后的不符合项应按照 H 点程序验收。

6）验收合格后将不符合项关闭。

7）如果经确认为无法纠正的不合格项时，质量监督保障组填写让步接受报告、制定整改措施。

8）对于无法按照检修程序完全保证检修质量，需要作出让步时，需检修指挥部作出最终批准后生效。

八、检修资料记录管理

（1）检修数据记录、试验报告等应及时整理、数据真实、准确，实行签字负责制，质量追溯制。

（2）检修过程阶段文件应在相关工作结束后 1 天内，由各检修专业组负责组织完成原始数据记录填写和电子版收集，已执行的作业文件内容填写必须完整。

（3）大修结束前，检修组应将所有已完成工作的检修作业文件全部收集汇总，并将检修作业文件（手签版和电子版）按水电企业所辖专业分开，移交给水电企业技术、设备管理部门审核归档。

第三节　检修工序、工艺要求

检修工序和工艺管理是确保检修质量、提高劳动生产率、降低消耗、改善劳动作业条件和提升文明检修水平的重要保证。水电企业必须按照企业标准化要求，根据相关标准和企业实际，编制检修规程和标准化作业指导书，并纳入企业标准化管理体系，以此来规范检修工序、工艺工作，保障检修质量，提高检修规范化、标准化管理水平。

一、工序管理

检修标准化作业指导书中应明确检修工序与质量验收标准，检修程序要细化、量化，杜绝漏项事件发生。作业指导书针对每个项目的检修工序应分别体现，水轮发电机组检修严格按照检修作业指导书中检修程序执行。

二、工艺规范

（一）设备解体

（1）设备解体前，必须做好连接部件与被连接部件之间的位置记号，便于修复后的正确安装。对有特定配合要求的零件，也需做好安装记号。

（2）零部件分解拆卸时，应先拆销钉，后拆螺栓；装复时应先装销钉，后装螺栓。在拆卸零部件的过程中，发现异常和缺陷时应做好记录。拆卸零部件时，不得直接锤击其加工面或易破损变形部位，必要时垫上铜皮或用铜棒敲击，在分开法兰和组合面止口时，扁铲、楔子等楔形工具不应打入过深，防止损坏密封面和结合面。

（3）拆卸时各组合面加垫的厚度、密封条大小应做好记录，装复时采用原规格的垫片、盘根；对由密封件造成渗漏的应重新计算以确定密封件规格型号。

（4）拆卸同一设备的零件时，应将拆卸的零件存放在收纳箱中，并贴上标签，标明安装部位和数量，以便在安装时查找，防止丢失。

（5）被拆卸零部件的质量超过25kg时，可视现场的具体情况，采用滑轮、电动葫芦或桥机来进行吊运。吊运过程中，对于吊具的选择、捆绑的方法及大件吊运时的注意事项等，应由专业起重人员负责指挥。

（6）在吊绳和零件夹角处及光洁表面接触的地方，必须垫上破布或羊毛毡。放置零件时，应事先用木方或羊毛毡垫好，以免损坏零部件的加工表面和地面。

（7）设备解体后，对于光洁度要求高的部件表面应清扫干净并涂抹干净的透平油或凡士林，最后贴上蜡纸，必要时包上棉絮。

（8）油汽水管口、冷却器端部等重要地方应用白布缠好封堵，防止异物落入。

（二）设备组装

（1）零部件经过解体、清扫、处理或加以改造之后，应按原高程、水平及中心来进行安装。安装时，必须遵守图纸中规定的尺寸、偏差等技术要求，不得擅自更改。如果确需更改，应通过检修总指挥批准。

（2）装复时，各组合缝间隙用0.05mm塞尺检查不能通过，允许有局部间隙，用0.10mm塞尺检查，深度不应超过组合面宽度的1/3，总长度不应超过周长的20%，组合螺栓及销钉周围不应有间隙，组合缝处的安装面错牙不宜超过0.10mm。

（3）若两零件结合面安装有销钉，则应将销钉清扫干净后准确放入，禁止用力锤击。

（4）组装零件之前，应将结合面的锈斑、毛刺及焊渣清理干净。滑动配合面（如轴颈）、导水机构接力器的活塞缸内表面、轴承与轴瓦等，应先用白布或丝绸布擦拭干净，再用面团去除细微杂质。

（5）盘根搭接要求：其截面尺寸应根据图纸规定，或根据盘根槽的截面积来选取。在粘接过程中，圆形盘根切口一定要平整且成 45°倒角，切口部位不能有油污，接口面积要保证全接触，涂抹的胶水要适量，不能有结瘤，粘接好的接口应平直，不能有错口等，盘根切口面与组合密封面受力方向成 45°夹角。

（6）表面研磨注意事项。研磨前，应先用刮刀刮去高点，用煤油把零件表面擦洗干净。研磨过程中及时添加研磨膏，防止损坏零件表面的光洁度。

（7）零部件装配成整体之后，要进行校验工作，检查装配所在位置是否符合图纸要求，配合尺寸是否正确，间隙值是否在允许范围内，以及试运行中的数据是否符合规范等。

（三）螺栓连接

（1）各螺栓连接均应按规定紧固，有预紧力要求的螺栓连接，装复时其预应力偏差不应大于规定值的±10％。若制造厂无明确要求时，预应力不应小于工作压力的 2 倍，且不大于材料屈服强度的 3/4。细牙螺栓连接回装时，螺纹应涂润滑剂。螺栓连接应分次均匀紧固，采用热态紧固的螺栓，紧固后应在室温下抽查 20％左右螺栓的预紧度。法兰螺栓紧固时，要均匀、对称、交叉地进行，防止螺栓与零件产生偏卡、变形和过应力。

（2）在水轮发电机组检修工作中，水轮机主轴和转轮、发电机转子主轴和转子轮毂、水轮机主轴法兰和发电机主轴法兰等部件的连接，需测量螺栓伸长值，通常是用千分表和拉伸值测量专用工具来配合进行的，拉伸值必须满足安装规范要求。

（四）焊接工作一般要求

焊缝的高度、宽度等尺寸应符合设计要求，且整条焊缝应均匀一致。焊缝不允许有气孔及夹渣，冷却后不得产生裂纹。对承压部件，焊缝应能承受规定的试验压力而不发生渗漏。零部件由焊接引起的变形应尽可能小。焊缝的质量检查有外观检查、无损探伤及水压试验等方法。

在发电机内使用明火作业，如电焊、气焊、气割等，应办理动火工作票，并做好防火和防飞溅的安全保护措施，防止焊渣等杂物进入发电机内部。作业完成后，应仔细清理焊渣、熔珠等作业残留物，确认无火点。在转动部件上进行电焊时，接地线应可靠地接在转动部件施焊部位上。

（五）校正调整工作和基本测量

1. 基本要求

部件校正调整工作进行的粗细程度，采用的测量方法是否正确合理，以及仪器精度的高低等，均直接影响整个水轮发电机组的检修质量和进度。

（1）校正调整工作。校正调整工作就是检查与调整零件或部件的几何尺寸、相对位置及整个机组的位置，使之满足图纸上的技术质量要求。其主要内容包括：对于校正调整的部件，必须确定校正调整的项目；合理规定安装的质量标准（即安装允许的偏差）；对于每一部件的校正调整项目，必须确定正确的基准。

（2）校正调整项目。部件的校正调整项目必须按照机电设备的结构和技术要求来确定。在现场进行校正调整时，常常根据零件和部件的平面、旋转面、轴、中心及其他几何元素，来检查它们的位置，特别是部件之间相对位置的正确性。检修中经常遇到的各种部件的校正调整项目，主要可归纳为如下六项：平面的平直、水平和垂直；圆柱面本身的圆度、中心位置及同心度；轴的水平、垂直及中心位置；部件在水平平面上的方位（坐标）；部件的高程（标高）；面与面的间隙。

（3）安装基准。安装基准是在安装过程中用来确定其他有关零部件位置的一些特定的几何元素（如点、线、面等）。安装基准有两种，一种是工艺基准，另一种是校核基准。对于立轴混流式水轮发电机组来说，座环是安装基准件。座环安装的水平、高程、中心及座环对轴线的方位，对整个水轮发电机组及其他各零部件的位置有决定性的影响。

2. 基本测量方法

在水电厂设备的安装过程中，需要应用一些精度较高的测量工具来进行基本测量，其中主要有平尺、塞尺、塞规、水平仪、卡尺、千分尺（外径千分尺和内径千分尺）、千分表（百分表）及水准仪等，以便准确地测量各零部件的外形尺寸和相对位置。另外，由于大、中型水轮发电机组各大部件的结构尺寸要求及在安装测量过程中的特殊需要，故除了一般通用工具外，还需要根据具体情况在安装工地自制一些特殊的专用工具，如求心器（机组固定部件中心测量专用工具）、中心架、水平梁及测圆架（转子圆度测量专用工具）等，并与精度较高的测量工具配合使用，以完成安装水轮发电机组的基本测量工作。

（1）平面的平直度测量。把标准平面（或平尺）置于被测量的平面上，其接触情况即为该平面的平直度。测量方法有以下两种：一是在被测量的平面涂一层很薄且均匀的显示剂（如红丹、石墨粉），将此平面与平板面（标准平面）互相接触，并使两者往复相对移动数次，这时被测量平面上的高点可显示出来。根据接触点的多少，即可知平面的平直程度。例如，刮推力瓦就是采用这个方法。二是把平尺置于被测量的平面上，然后用塞尺检查平尺和平面之间的间隙。例如测量分瓣转轮上冠法兰面的上凸下凹情况、相连的一对主轴法兰的错牙情况等，都是采用这种方法。

（2）平面的水平测量。对于水平位置，根据精度要求不同，一般用框式水平仪、合像水平仪、水平尺及水准仪等来进行测量。当测量精度要求较高时，一般用合像水平仪。精度要求一般时，可以用框式水平仪或水平尺直接测量。大部件的水平，通常用精密水准仪配合标尺来测定，并根据测定数值来调整大部件的水平。

（3）圆度测量。在安装前或在装配时，需要检查转轮的迷宫环和发电机转子的圆度，可采用测圆架配合百分表来测量。在支架的端部设有百分表，其测杆与被测圆柱面相接触。当支架绕轴旋转时，从百分表上读出的数值就反映出了被测表面的圆度。

（4）高程的测量。在安装制动器、接力器等工作时，需要对其高程进行测量。一般用水准仪和标尺等，按照提供的高程基准点进行测量。

（5）间隙的测量。测量间隙的基本量具是塞尺。测量时，选择厚度适当的钢片，塞入要测量的间隙中，如果刚好能塞入和拉出，钢片的厚度就是间隙的大小。塞尺最好是单片使用，必要时可以将两片合并使用，但必须擦拭干净，紧密重叠，不允许用三片或更多的塞尺相加，因为塞尺之间的间隙势必影响测量，叠加的片数越多，测量的误差就越大。

（六）试验

（1）现场制造的承压设备及连接件进行强度耐水压试验时，试验压力为 1.5 倍额定工作压力，但最低压力不得小于 0.4MPa，保持 10min，无渗漏及裂纹等异常现象。

（2）承压设备及其连接件进行严密性耐压试验时，试验压力为 1.25 倍实际工作压力，保持 30min，无渗漏现象；严密性试验，试验压力为实际工作压力，保持 8h，无渗漏现象。

（3）设备进行渗漏试验时，保持 4h，无渗漏；渗漏试验完成后不得再进行拆卸。

（4）高压试验工作不得少于两人。试验负责人应由有经验的人员担任，开始试验前，试验负责人应对全体试验人员详细布置试验中的安全注意事项。

（5）加压部分与检修部分之间的断开点，试验电压有足够的安全距离，并在另一侧有接地短路线时，可在断开点的一侧进行试验，另一侧可继续工作。但此时在断开点上应挂有"止步，高压危险！"的安全警示标志牌，并设专人监护，且监护人不得擅自离开现场。

（6）未装接地线的大电容被试设备，应先行放电再做试验。高压直流试验时，每告一段落或试验结束时，应将设备对地放电数次，并短路接地。

（7）变更接线或试验结束时，应首先断开试验电源并放电，同时将升压设备的高压部分短路接地。

三、工艺纪律

检修开工前，质量监督保障组应组织检修人员学习并熟悉发电设备检修工艺纪律。在检修过程中，工作人员应严格按检修工艺规程、检修工艺纪律、检修作业文件的要求执行，并依据其质量标准的要求，加强检修过程和影响质量因素的控制，保证优质、高效地完成检修任务。根据检修质量管控薄弱环节，可有针对性地编制检修工艺卡，进一步规范检修过程工艺，有效杜绝修后跑、冒、滴、漏等低级缺陷。鼓励采用新工艺、新技术、新材料和新机具等，提高检修质量标准，提高劳动效率。

（一）检修工艺纪律（通用部分）

检修工艺纪律（通用部分）见表 6-1。

表 6-1　　　　　　　　　　检修工艺纪律（通用部分）

序号	必　须	不　准
1	各类检修作业人员应接受相应的安全生产教育和岗位技能培训，经考试合格	不允许未经安全和技能培训、考试不合格者上岗
2	任何人进入生产和检修现场，必须戴安全帽，并系好帽带	严禁不戴安全帽进入现场，帽带不准盘入帽内
3	高空作业人员必须有人监护	不准单独作业
4	高空作业人员必须系五点式双钩安全带，五点式双钩安全带挂钩或绳子应挂在结实牢固的构件上或专为挂五点式双钩安全带用的钢架或钢丝绳上，并应检查扣环是否扣牢	严禁挂在移动或不牢固的物件上；严禁低挂高用
5	高空作业一律使用工具袋，工器具、工件必须接触传递，较大的工具应用绳拴在牢固的构件上，以防止高空落物发生事故	不准乱抛掷、乱放、不准违章作业
6	拆装设备必须按图施工，必须选用合适的工具	不准盲目敲打硬撬
7	检修现场应做到工完、料净、场地清	检修现场不准脏、乱、差
8	检修后的设备必须擦拭干净	不准修后设备上留灰尘、油迹、杂物
9	工器具和手握把手部分必须干净	不准有油污、毛刺等
10	检修时掀开的沟道盖板或拆除的栏杆必须做好防护，室外还必须装设警示灯，修后必须恢复原状。临时打的孔、洞在工作结束后，必须恢复原状	不准敞口，恢复后不准缺少部件
11	检修现场，特别是通道上的盖板要坚固并与周围地面平齐	盖板不准晃动，不准高出或低于周围地面
12	检修现场，特别是夜间有工作的地方，照明必须充足	不准在照明不足的地方工作

续表

序号	必　须	不　准
13	设备检修后，必须恢复标牌、编号、名称、介质流向、转动方向、开关位置等各种标志	不准丢失和漏装
14	设备、系统、保护定值、操作方式变更或恢复后，必须向运行人员书面交代	交代不清，设备不能投入
15	临时电源必须接在固定的检修电源柜上，电线摆放必须整齐，多余的电源线必须盘好	不准接在运行设备的电源盘上
16	电源箱必须关闭严密	接线不准影响门的开关
17	临时电源线穿过通道时，应架空，如放在地面上，必须有防止碾压或被划伤的措施	不准直接放在通道上
18	在检修范围外设备上的检修工作必须办理工作票	不准无票作业
19	检修拆下的零部件必须妥善保管	不准丢失、损坏
20	现场设备、系统变更、逻辑回路修改后，必须及时修改规程、图纸	不准不对规程、图纸进行修改
21	检修时必须做到"三不落地"，使用工具、量具不落地，拆卸下的零件不落地，污油脏物不落地	不准随意堆放工、器具、零件、污油脏物
22	检修时必须遵守"三严"，严格执行安全规程，严格执行现场制度	不准违反规定和规程
23	检修过程中，必须按规程使用合格工具，必须按规程紧固螺栓，锉刀必须有木质手柄，手锤头部必须用楔栓固牢	不准用扳手代替手锤敲击，不准用螺丝刀代替撬棒、錾子使用。使用扳手紧固螺栓时，不得随意加长加力杆
24	拆开后的管口必须及时封堵	不准敞口，不准用棉纱、破布塞堵
25	使用大锤时必须双手抓紧锤把	不准戴手套或单手抢大锤，且周围不得有人靠近
26	使用凿子凿坚硬或脆性物体以及使用磨光机打磨时必须戴防护眼镜	不戴防护眼镜不准工作
27	使用高压清洗设备时，手应握紧喷枪，喷嘴应对准要清洗的部位	喷嘴不准对人
28	起重用的钢丝绳捆绑在金属或梁柱的棱角处必须用木块或麻袋布垫在中间	不准不加垫块直接捆在梁柱上
29	起吊设施必须在安全负荷以内使用	不准超载使用
30	起吊重物必须垂直	不准歪拉斜吊
31	起吊作业时，必须专人统一指挥，手势、信号准确、规范	不准多人同时指挥，不准使用不规范的手势、信号
32	吊运设备或零部件时，必须使用专用吊具	不准使用其他东西代替
33	氧气瓶和乙炔瓶必须分开运送，使用时其距离必须不小于8m，且固定牢固	不准把氧气瓶和乙炔瓶放在一起
34	油系统周围动火时，必须办理动火工作票，采取好安全措施方可开工	无票严禁动火，措施不全不准开工

序号	必　　须	不　　准
35	重要部件的结合面，必须用篷布、胶皮、木板或毛毡进行遮盖保护	不准裸露磕碰
36	必须对拆除的高强度螺栓与普通螺栓分开放置，合格部件与不合格部件分开放置；现场使用或更换的特殊材料的零部件及材料，必须经材质鉴定后方可使用	不准混放；不准只凭标牌使用
37	各种密封材料、垫子、材质、规格尺寸必须准确	不准滥用、误用
38	紧固法兰时，必须用力均匀，对称紧固	不准漏紧或过紧
39	同一部件连接、紧固件的螺栓、螺帽、紧固螺钉规格必须统一、齐全、完整	不准缺少连接件，不准使用变形、缺角的螺帽，不准使用咬扣、缺扣的螺栓，不准混用不同规格的螺栓、螺帽
40	对于有力矩要求的紧固件，必须按规定的力矩和方法进行紧固	不准随意紧固
41	对于转动、振动、晃动等重要部件的连接、紧固件必须加弹簧垫圈、止退垫圈或锁紧备帽	不准直接连接螺帽
42	现场消防器材必须完整，摆放整齐	不准乱放，不准挪作他用
43	所有设备、系统的接水盒、回水管必须清理干净，保证回水畅通	不准堵塞、溢水
44	气割时，必须在被割物体下面垫上东西	不准在地面上直接气割
45	在高空进行切割和焊接时，必须做好防止熔渣下落的安全措施	未采取措施不准直接进行切割和焊接
46	重要部位的数据必须测量三遍，并有两遍数据一致	不准以一次测量的数据为准
47	所有管道必须固定牢固	不准造成管道振动、晃动
48	有毒和腐蚀性物质禁止泄漏和直接排放	不准造成污染
49	设备检修后必须恢复编号、名称、开关方向等各种标志	不准丢失或漏装
50	所有调速零部件在拆下后应先用干净的白绸布包裹，后用塑料布在外层包裹	不准使用破布、白布或不干净的白绸布包裹
51	必须对易损件、密封件及精密件加以防护	不得与其他粗糙、笨重件混放
52	在油系统检修时应将油排至油盘或油桶内，大修现场应存放专用废油桶并标识清楚	不得随意将油排至地面造成污染
53	检修用的临时电源线必须接在固定的检修电源盘上	不准随便接在运行的电源盘上
54	环形水管装复时，应先将所有法兰结合螺栓把合，再从三通向两侧进行紧固	所有管卡应上紧，法兰盘根垫不准超过二层，不得使用楔形垫
55	安装细牙连接螺栓时，螺纹应涂润滑剂	不准不涂润滑剂
56	各组合面加垫的厚度，盘根大小应做好记录，装配时应用原规格的垫片、盘根	不准不记录
57	楔子板应成对使用，搭接长度在2/3以上	楔子板搭接长度不准在1/3以下

序号	必 须	不 准
58	有预紧力要求的连接螺栓，其预应力偏差不超过规定值的10％。制造厂无明确要求时，预紧力不小于设计工作压力的2倍，且不超过材料屈服强度的3/4	预紧力螺栓不准不按要求打紧
59	组合面必须平整	组合螺栓及销钉周围不应有间隙，组合缝处的安装面不准有错牙
60	所有测量工具应定期在有资质的计量检验部门检验、校正合格	不准使用无检验的测量工具
61	在安装过程中，部件表面涂层局部损伤时，应按部件原涂层的要求进行修补	不准不修补损伤涂层

（二）发电专业检修工艺纪律

发电专业检修工艺纪律见表6－2。

表6－2　　　　　　　　　　　　发电专业检修工艺纪律

序号	必 须	不 准
1	接触式密封必须使用专用工具拆除	不准敲击
2	拆除瓦温线及其他自动化元件线必须请专业班组拆除并保护好	不准挤压及随意剪断
3	导轴瓦、轴颈、组合面、大型螺栓必须清扫后涂透平油贴蜡纸保护	不准不保护
4	密封圈必须检查，不合格密封圈及时更换	不准不检查
5	冷却器检修现场必须设置围栏	不准踩踏冷却器
6	所有焊缝必须外观检查合格	不准不检查
7	各部轴承密封盖吊开后，每日工作结束前必须用篷布、塑料薄膜盖好	不准敞口
8	接触式密封及接油盒与主轴间隙必须测量	不准不测量
9	各部轴承封盖前必须用内窥镜检查下油箱	不准不检查就封盖，内部不得有杂物
10	进入风洞严格执行风洞工作规定，工作前，使用的工器具、备品备件等必须进行登记、清点	不准带入与工作无关任何东西，不准未经登记带入带出使用工器具、备品备件等
11	发电机盖板拆除前必须做好记号并做好记录	不准不记
12	上机架在起吊时，各支腿处及上端轴处必须派人监视	不准无人监视
13	大件的支墩外形统一，强度及高度必须符合要求	不准随意使用支墩
14	上机架与定子机座间必须仔细检查，如有焊点应全部割开	不准存在焊点起吊
15	上、下机架拆装前后，必须在中心体连接处互成90°的四个位置上，用水平仪测量上、下机架中心体水平并做好记录	不准不测量、不记录

序号	必　须	不　准
16	在转动机械上进行焊接时，接地线必须在焊接位置	不准通过轴及轴承组成焊接回路
17	支腿处如有垫片必须清理并编号	不准不编号
18	直径大于 24mm 的各类销子必须编号	不准不编号
19	拆除转子中心体螺栓时，使用拉伸器松开最后 2 个螺栓，必须同步缓慢下放转子以下所有转动部分	不准不同步
20	大轴和转子连接法兰接合面处内外间隙，必须满足小于 0.02mm 的要求	不准不测量
21	转子安放场能承受转子重量，环形地板、专用环形支墩清理干净，保证环形地板的平整	不准随意定置转子安放地点
22	转子安放场内必须准备好必要的消防器材	不准堆放易燃物
23	转子安放支墩的水平高差必须调整在 ±0.05mm 范围内	不准不调整支墩高程
24	转子拆卸时必须在大轴连接法兰处做上记号	不准不做记号
25	转子吊出后必须测量推力头和大轴法兰标高、制动器闸板高程	不准不测量
26	定、转子清洗必须采用专用清洗剂进行清洗	不准用其他化学药剂
27	定、转子清洗后应采取防尘保护措施	不准不采取防尘保护措施
28	定转子清洗后至少 24h 后才能喷涂绝缘磁漆	不准清洗后就喷涂
29	弹性金属塑料瓦表面划痕及磨损必须记录	不准不记录
30	弹性金属塑料瓦与托瓦螺栓间隙必须使用塞尺测量记录	不准不记录
31	必须测量并记录推力头/镜板和下机架挡油筒密封间隙	不准不记录
32	如导轴瓦使用楔子板调整间隙，必须根据楔子块楔度比例，计算提升量，并用深度游标卡尺进行测量复核	不准不测量
33	盘车前，必须保证机组转动部分与固定部分无阻碍，认真检查固定与转动部分的间隙，其内应无杂物	不准不检查
34	平移推力头可能使转子摆度增大，调整前需要先经过计算，确认调整后转子摆度亦在公差范围内	不准不计算
35	制动器活塞及缸体应进行磨损缺陷记录	不准不记录
36	制动器活塞回装应注意有气槽部位与缸体上进管口位置对准装配，应防止唇型圈在回装过程中被剪坏	不准不按位置装配
37	各制动器标高测量偏差不大于 ±1mm，分布半径允许误差 ±2mm	不准不测量及调整
38	空冷器散热片清洗必须用已配好的碱水溶液清扫油污、灰尘。其后，必须再用较清洁冷水反复冲洗，清除碱水溶液	不准不清洗散热片

续表

序号	必　　须	不　　准
39	空冷器全部回装后，应进行整体及正反向充水试验，各管路接头无渗漏	不准不做充水试验
40	空冷器应在最高处设有排气丝堵或装有带阀门的排气管路，试验时，应排净空气	不准充水试验前不排气
41	不得在试验水压下进行法兰螺栓紧固，渗漏处理应待水压排至 0.1MPa 以下方可进行	不准带压处理漏点
42	对在试运转中发现的缺陷，可在缺陷处理时间内进行，为保证缺陷处理质量，必要时应经仔细分析制定出处理方案后再进行	不准无方案消缺
43	对于转动、振动、晃动等重要部件的连接、坚固件必须加弹簧垫圈、止退垫圈或锁紧备帽	不准直接连接螺帽

（三）水轮机专业检修工艺纪律

水轮机专业检修工艺纪律见表 6-3。

表 6-3　　　　　　　　　　　　水轮机专业检修工艺纪律

序号	必　　须	不　　准
1	拆除蜗壳进人门和尾水进人门连接螺栓前，全开试水阀，检查试水阀通畅并且无水	不准不试水开门
2	开启蜗壳进人门和尾水进人门前，必须检查铰链完好，无脱落危险	不准不检查铰链开门
3	蜗壳进人门内外必须放置梯子并固定	不准滑入或跳入蜗壳进人门
4	蜗壳、尾水进人门封门前，必须清点人数及工具、材料，并做好登记	清点不清不准封门
5	蜗壳、尾水进人门封门后必须使用 0.05mm 塞尺检查组合面应不能通过	不准不检查
6	搭设尾水平台必须正确使用合格五点式双钩安全带	不准无防护搭设尾水平台
7	尾水平台必须验收合格后方可使用	不准不验收使用尾水平台
8	进人蜗壳、尾水管工作必须有人监护	不准无监护进入蜗壳、尾水管工作
9	必须检查水导瓦面的磨损情况，瓦面应无密集气孔、裂纹、划痕、硬点和脱壳等缺陷，瓦面粗糙度 Ra 小于 $0.8\mu m$，铬钢垫无松动	不准不检查瓦面情况
10	水导轴承封盖前必须用内窥镜检查下油箱	不准不检查就封盖，不得有杂物
11	拆除瓦温线及其他自动化元件线必须由专业班组拆除并保护好	不准挤压、踩踏、敲击及随意剪断
12	导轴瓦、轴颈、组合面、大型螺栓必须清扫后涂透平油贴蜡纸保护	不准不保护

序号	必 须	不 准
13	必须检查水导轴承瓦架螺栓拉伸值	不准不检查
14	下油箱煤油渗透试验，试验时间必须不小于4h，各组合缝无渗漏现象	试验时间不准小于4h
15	转轮补焊打磨后必须使用模板检查	不准不使用模板检查
16	必须检查疏通顶盖自流排水管	不准不检查
17	密封圈必须检查，不合格密封圈及时更换	不准不检查
18	冷却器检修现场必须设置围栏	不准踩踏冷却器
19	接触式密封及接油盒与主轴间隙必须测量	不准不测量
20	工作密封管路及水箱漏水情况、浮动环上抬量、唇形密封止水情况必须做好修前记录	不准不记录
21	做好偏心销与副拐臂间的定位标记，标记下锁板与副拐臂的相对位置	不准不做标记
22	拆前做好上轴套和上轴套定位销、中轴套密封压板以及中轴套的记号	不准不做标记
23	吊装顶盖必须调平顶盖水平	不准不调平
24	导叶端部补焊打磨后必须使用水平尺检查	不准不使用水平尺检查
25	顶盖减压管必须测厚	不准不测厚
26	压力容器检修收工时，必须清点工具和人数	不准人员不全及工具不全收工
27	冷却器耐压试验前必须排气，排气阀或排气部位必须在设备顶部	不准不排气进行耐压试验
28	油系统部件吊运时，应事先把部件内积油清理干净或封堵好可能漏油的部位	在吊运过程中，不准油滴落在地面或其他设备上
29	在容器内焊接时，必须保持通风良好，必须有人监护，并开有限空间作业票	不准向容器内充氧气，容器内使用的行灯电压不准超过12V；不准不开有限空间作业票
30	供排油时，必须核实管路上所有阀门开闭是否符合要求	不准不检查
31	滤油时，必须有防止跑油、漏油的措施，要有专人监护	不准油流至地面上
32	滤油机及管道必须清理干净	不准将脏油带入油系统中
33	油箱中补油时，加油前必须进行油样分析	不准注入未经化验的油
34	重要部位的数据必须测量三遍，误差在允许范围内	不能以一次测量的数据为准
35	对于调速器主配压阀衬套、活塞的轻微划痕，必须用金相砂纸打磨，不准用粗纱布打磨。清理油箱、轴承室、轴瓦、油管路必须用面团、白布或绸布，各部位必须清理干净	不准用棉纱、破布，不准留死角

续表

序号	必　须	不　准
36	设备检修后必须恢复编号、名称、开关方向等各种标志	不准丢失或漏装
37	所有调速零部件在拆下后应先用干净的白绸布包裹，后用塑料布在外层包裹	不准使用破布、白布或不干净的白绸布包裹
38	所有油管道在拆开后应用专用堵头进行封堵，或用干净的塑料布进行包裹缠牢	不准用破布或其他物品进行塞堵。
39	必须对易损件、密封件及精密件加以防护	不得与其他粗糙、笨重件混放，不准不防护
40	在油系统检修时应将积油排至油盘或油桶内，大修时现场应存放专用废油桶并标识清楚	不得随意将油排至地面、排水沟造成污染
41	盘车时，必须保证机组转动部分与固定部分无阻碍，认真检查固定与转动部分的间隙，其内应无杂物。迷宫环间隙应用塞尺测量	不准不检查
42	对在试运转中发现的缺陷，为保证缺陷处理质量，必要时应经仔细分析制定出处理方案后再进行处理	不准无方案消缺
43	对于转动、振动、晃动等重要部件的连接、坚固件必须加弹簧垫圈、止退垫圈或锁紧备帽	不准直接连接螺帽
44	必须核实唇型密封方向	不准不核实密封方向

（四）电气一次专业检修工艺纪律

电气一次专业检修工艺纪律见表 6 - 4。

表 6 - 4　　　　　　　　　电气一次专业检修工艺纪律

序号	必　须	不　准
1	进入发电机、变压器内，必须穿专用工作服和软底鞋	不准穿普通工作服和硬底鞋
2	进出发电机、变压器的工具必须登记	不准随便带入，取出要注销
3	发电机端盖打开，必须对定子线圈做好保护	不准损伤定子线圈
4	发电机滑环及碳刷必须采取保护措施	不准损伤和污染
5	发电机吊转子前必须将定子端部做好防护	不准碰触定子铁芯、线棒
6	发电机转子吊出后必须用篷布遮盖保护	不准损伤和污染
7	绝缘材料和部件必须按防潮要求存放	不准随意乱放
8	拆开的各水管、油管必须用白布封口	不准用棉纱、布头、纸团堵口
9	变压器吊罩检查必须符合湿度要求	不准影响绝缘
10	变压器油箱必须清理干净	不准污脏和受潮
11	拆动变压器部件必须做好原始记录	不准乱拆乱装
12	各种密封垫子必须材质规格正确	不准随便乱用

序号	必　　须	不　　准
13	变压器套管必须做好保护	不准损伤
14	变压器铁芯必须只有一点接地	不准多点接地
15	滤油机清理干净，内部用同样牌号的油冲洗	不准将脏油带进变压器或油开关
16	在油系统上使用的工器具必须清理干净后使用	不准将杂物带入油系统
17	滤油纸使用前必须经过烘干	不准用未经干燥的滤油纸滤油
18	滤油、注油必须用清洁的耐油管	不准用不耐油的橡胶管
19	变压器油管路动火前必须开具一级动火工作票	不准未做好防火措施开工
20	变压器周围必须注意防火	不准在现场遗留火种
21	硬母线连接必须平整，接触良好	不准有毛刺，氧化皮和油污
22	电动机必须有明显的接地线，检修后应及时恢复	不准随意拆除和乱接
23	电缆敷设必须整齐、规范	不准随意敷设
24	敷设电缆时必须考虑电缆弯曲半径	不准出现急转弯的现象
25	切割电缆后必须严密封堵端部	不准损坏或遗忘密封
26	电缆井、电缆沟内必须干净，照明充足，防火设施符合要求	不准有杂物积水
27	电缆终端制作必须填写技术记录报告	不准遗忘填写
28	电缆终端头和中间接头制作过程中，必须保持施工工具、绝缘材料和施工人员的双手清洁。必须保证施工中的环境湿度符合要求	不准影响终端头和中间接头绝缘
29	电缆沟盖板及电缆隧道人孔盖开启后必须设置标准围栏，并有人看守	不准造成行人摔跌
30	电缆隧道内工作时必须有充足的照明，并有防火、通风的措施	不准只打开一只井盖（单眼井除外）
31	电缆试验结束必须对被试电缆进行充分放电	不准在被试电缆内遗留电荷
32	蓄电池组在放电过程中，当蓄电池的电压已低于极限值时，必须立即停止放电	不准损坏蓄电池
33	换下的保险、灯泡必须及时清理	不准随手乱扔，不准堆放在开关室、保护间内
34	二次接线必须排列整齐，编号准确、清晰、线头压接良好	不准交叉乱接，编号不清
35	二次回路试验需拆开线头时，必须做好记录，试验完成后按记录恢复	不准不做书面记录
36	保护传动试验，必须用电流、电压法	不准通过直接拨动继电器接点试验
37	仪表擦拭，必须用丝绸布	不准用破布、棉纱
38	二次电流回路拆动后必须测直流电阻	不准二次电流回路开路
39	搬运、拆装仪器仪表设备必须轻拿轻放	不准磕碰和损伤
40	二次回路上的工作必须以图纸为准	不准凭记忆力工作

续表

序号	必　须	不　准
41	拆动控制电缆及二次回路导线必须断开电源	不准带电拆接电缆及二次线
42	检修的控制盘、保护盘、柜，间隔相邻的运行设备必须挂上布幛，做好安全措施	不准威胁运行设备的安全生产
43	二次回路通电或测绝缘必须告知运行和有关班组	不准自作主张
44	二次回路的工作必须有防"三误"的措施	不准误碰、误接线、误整定
45	短路电流互感器二次绕组必须使用短路片或短路线	不准用导线缠绕
46	接触集成模板、插件前，必须先采取防静电措施和释放静电	不准未经释放静电就接触集成模板插件
47	接线完毕，必须清理接线箱、接线盒内部	不准遗留多余的线鼻和导线
48	控制柜、电源门必须关闭严密	不准长时间开门
49	进出保护间必须随手关门	不准长时间开门
50	操作控制信号回路故障，必须查到原因及时消除	不准随意短接、变更
51	更换电源的保险，必须按规定的容量更换	不准任意改变保险的容量
52	运行机组解除或投入联锁、保护，必须按规定办理手续，填写继电保护安全措施票，核对无误后方可进行	不准擅自拆除或投入，不准误拆、误接、误碰
53	光字牌必须清洁、完整、信号齐全、字迹清晰	不准缺件、模糊
54	各测量元件引线必须固定牢固，压接良好，必须避开热源及转动部分	不准乱接乱引，不准使引线受到挤压
55	各行程开关、操作按钮必须动作灵活	不准卡涩
56	所有定值调整必须符合要求	不准偏离规定值
57	保护定值整定必须准确，信号传输可靠	不准偏离规定值
58	拔插卡件及设备之间的连接电缆插头时，相关设备必须先停电，对于方向性不明显的插头要做好方向标记	不准带电拔插卡件
59	拔插卡件时必须抓住卡边缘	不准接触卡上的元器件
60	拆下的卡件必须放在不易变形的专用盒中	不准叠放在一起
61	卡件清扫卫生时，必须使用洁净的仪用空气，毛刷应经常对地放电，吹出的灰尘要用吸尘器吸净	不准用金属管子接在气源管前部
62	拆校现场设备时，必须先停电，然后在端子柜内解除设备接线，并用绝缘胶布包好	准未停电就工作
63	测试电缆绝缘前，必须要解开电缆两端的接线	不准损坏设备
64	设备检修完毕，送电前必须确认上一级的电源电压符合要求	不准盲目送电
65	高压试验，试验电压必须符合规程	不准超过规定的数值
66	高压试验工作必须有两人及以上人员参加	不准少于两人

续表

序号	必　须	不　准
67	高压试验被试设备两端不在同一地点时，另一端必须派人看守	不准另一端无人看守
68	绝缘检查，必须采用相应电压等级的兆欧表	不准降低兆欧表的电压等级
69	试验接线必须有接线人和复查人	不准接线复查是同一人
70	现场临时电源必须符合要求	不准乱拉、乱接、乱放
71	检修后临时孔洞、电缆孔洞必须封堵好	不准不进行封堵
72	油开关等解体前必须做好地面防护措施	不准污染、破坏地面
73	停电设备送电前必须办理工作票终结手续	不准不履行手续送电
74	电气设备检修前必须验电	不准带电作业
75	高压验电必须戴绝缘手套	不准雨雪天气时进行室外直接验电
76	设备接地必须使用成套接地线	不准使用其他导线作接地线
77	接地线必须使用专用的线夹固定在导体上	不准用缠绕的方法进行接地或短路
78	在带电的电流互感器二次回路上工作时必须保证永久接地点可靠接地	不准将回路的永久接地点断开
79	高处作业必须使用工具袋，上下传递物件应用绳索拴牢传递	不准随便乱放，上下抛掷
80	在户外变电站和高压室内搬动梯子、管子等长物必须两人放倒搬运	不准一人、垂直搬运
81	进入 SF_6 配电装置室，入口处若无 SF_6 气体含量显示器，必须先通风 15min，并用检漏仪测量 SF_6 气体含量合格	不准未通风就进入 SF_6 配电装置室
82	从事 SF_6 配电装置检修工作必须两人及以上	不准一人检修 SF_6 配电装置
83	SF_6 配电装置内的 SF_6 气体必须采用净化装置回收	不准向大气排放
84	SF_6 断路器进行操作时必须保证外壳上无人	不准检修人员在外壳上工作
85	在转动的电机上调整、清扫电刷及滑环必须站在绝缘垫上	不准同时接触两极或一极与接地部分，不准两人同时进行工作
86	检修设备停电必须将各方面的电源完全断开	不准在只经断路器断开电源的设备上工作

（五）热工专业检修工艺纪律

热工专业检修工艺纪律见表 6-5。

表 6-5　　　　　　　　　　热工专业检修工艺纪律

序号	必　须	不　准
1	拆卸、复装、搬运仪表设备必须使用专用的工器具，轻拿、轻放	不准碰撞和损伤
2	仪表设备存放必须符合存放要求	不准随手将设备乱丢乱放

续表

序号	必　　须	不　　准
3	安装元件前必须检查、清理螺纹和毛刺；紧固时必须使用规定力矩的扳手	不准硬紧螺纹、不准使用力矩不匹配的扳手
4	在仪表导压管路上拆除设备出现开口时，必须立即做好密封防护，以防杂物进入管内，造成堵塞及污染	仪表管路出现开口时，不准无密封防护措施
5	进行变送器、压力开关、温度元件等设备更换工作时，必须更换经校验合格的设备	不准直接更换未校验的设备
6	重要的保护、联锁系统静态试验时，必须从就地仪表处模拟动作；试验结束后必须马上恢复就地仪表至正常工作状态	不准从 DCS 系统内强制节点状态进行试验
7	变送器、温度元件、压力开关、就地压力表等热力测量装置的校验工作，必须使用具有合格证的标准仪表和校验台；操作必须严格按照规程进行；校验后必须出具校验报告；强检设备必须按期校验	不准使用不合格或超期的标准仪器；不准超期校验设备
8	更换热工电源的保险丝，必须按规定的容量更换	不准任意改变保险丝的容量
9	设备检修完毕，送电前必须确认上一级的电源电压符合要求	不准盲目送电
10	二次接线必须排列整齐，编号准确、清晰，线头压接良好	不准交叉乱接，编号不清
11	仪表电源拆线时必须记录接线号头，接线时必须正确接入电源	不准接错电源
12	接线端子出现晃动、压不实、压不紧等情况，必须进行更换	不准继续使用性能下降的接线端子
13	剥线、压线必须用专用工具；多芯线必须加接线鼻	剥线、压线不准使用非专用工具；多芯线不准直接接线
14	各测量元件引线必须固定牢固、压接良好；必须避开热源及机械转动部分	不准乱接乱引；不准使引线受到挤压或过热影响
15	机组停机检修时，必须对有接地设计的热控设备分系统进行接地测试	不准忽略接地测试
16	报警光字牌应清洁、完整、字迹清晰、颜色正确	不准出现残缺、模糊现象
17	设备检修完毕，交付运行使用前，必须将系统变更、设备异动、保护定值变更、操作方式变更等情况进行详细书面交代	检修结束不准不作交代
18	设备检修完毕，必须按期将检修资料整理完毕并存档；原始记录、系统变更、逻辑回路修改、接线变更、设备异动、定值更改等情况必须真实、完整；图纸、规程必须及时更新	检修资料不准不整理存档或延期整理存档；资料不准出现残缺或不真实情况

（六）脚手架搭设工艺纪律

脚手架搭设工艺纪律见表 6-6。

表 6-6   脚手架搭设工艺纪律

序号	必　　须	不　　准
1	脚手架搭设前需填写、提交脚手架搭设申请，并签字确认后开展工作	未经许可，不准擅自搭设脚手架
2	脚手架必须搭设牢固并经验收合格签字后方可使用	不准使用不合格的脚手架
3	搭设脚手架时必须留出足够的行走通道	不准妨碍他人通行
4	脚手架必须与阀门、开关箱等经常操作的设备保持一定距离	不准妨碍正常操作
5	工作完毕，脚手架必须及时拆除，并填写提交拆除申请，架杆、架板及时运出现场	未经许可，禁止拆除，现场不准存放架杆、架板
6	靠近设备及地面上搭设的脚手架，必须加隔离垫	不准将架杆直接支在设备、地面上以及管道和保温层上
7	脚手架须能足够承受站在上面的人员和材料等的重量	不准超过荷载
8	需改变脚手架结构时必须经过技术负责人员的同意	不准随意改变脚手架的结构
9	安装金属管脚手架，必须采用材质合格的脚手架管	不准使用弯曲、压扁或者有裂缝的管子
10	移动式脚手架必须经过设计和验收	不准未经设计和验收随意搭建
11	移动脚手架时，严禁脚手架上站人	不准上面有人工作
12	悬吊式脚手架和吊篮，所用的钢丝绳和其他绳索必须做 1.5 倍静荷重试验	禁止使用麻绳
13	悬吊式脚手架与邻近的悬吊式脚手架必须可靠连接	严禁在中间用跳板跨接使用
14	拆除脚手架，必须由上而下地分层进行	不准上下层同时作业
15	拆除脚手架的各部分必须按顺序进行	不准采取将整个脚手架推倒，或先拆下层主柱
16	脚手架拆除区域内必须做好隔离防范措施	禁止无关人员逗留、通行
17	脚手架搭设（拆除）人员必须持证上岗	不准无证上岗

（七）管道施工工艺纪律

管道施工工艺纪律见表 6-7。

表 6-7   管 道 施 工 工 艺 纪 律

序号	必　　须	不　　准
1	支吊架用火焰切割后必须打磨，去毛刺、棱角	不准有毛刺、棱角
2	支吊架安装结束前，必须调整紧固连接件	不准漏装、漏调、漏紧
3	管道安装前必须先检查内部清洁度	不准先装后查
4	管口必须及时封闭	不准敞口下班
5	管道对口必须尺寸准确	不准强力对口
6	衬胶管必须按要求防护	不准撞击和动用电火焊

续表

序号	必　须	不　准
7	安装阀门必须挂上标志牌	不准漏装或丢失
8	起吊管件必须捆绑牢固	不准以栏杆、脚手架、设备基座承重
9	管道及零部件必须堆放整齐	不准乱堆乱放，防止丢失
10	小管道施工必须整齐美观	不准歪七扭八
11	法兰紧固必须一次均匀紧完	不准以不均等的力紧固，造成斜口和漏紧
12	管道检修开始前必须会同运行人员共同检查确认隔离措施已正确执行	不准私自开工
13	管道检修工作前，检修管段的疏水阀门必须打开	不准在有压力的管道上进行任何检修工作
14	安装管道法兰和阀门的螺丝时必须用撬棒校正螺丝孔	不准用手指伸入螺丝孔内触摸
15	检修油管道时，必须做好防火措施	不准存在着火隐患
16	在拆下的油管上进行焊接时，必须将管子冲洗干净	不准在有油的管道上进行焊接工作
17	地下管道铺设前必须按照规范标准要求进行防腐	不准未经防腐除锈即敷设管道
18	地下管道维修时，必须做好防污染措施	不准发生环境污染事故

（八）焊接施工工艺纪律

焊接施工工艺纪律见表 6-8。

表 6-8　　　　　　　　　　焊 接 施 工 工 艺 纪 律

序号	必　须	不　准
1	焊接工作人员必须受过专门培训，并持有相应项目的焊接资格证书	不准未经培训合格的人员施焊
2	进行焊接工作时，必须设有防止金属熔渣飞溅、掉落引起火灾的措施以及防止烫伤、触电、爆炸等措施	不准无措施而施焊
3	焊接人员离开前，必须进行检查，现场应无火种留下	不准未经检查而离开
4	在可能引起火灾的场所附近进行焊接工作时，必须备有必要的消防器材	无消防器材，不准施焊
5	在潮湿地方进行焊接工作，焊工必须站在干燥的木板上，或穿橡胶绝缘鞋	不准穿普通鞋站在潮湿的地上焊接
6	固定或移动的电焊机的外壳以及工作台，必须良好的接地	不准无接地线使用焊机
7	电焊工作所用的导线，必须使用绝缘良好的皮线	不准用其他导线代替
8	电焊设备的装设、检查和修理工作，必须在切断电源后进行	不准带电检修设备

续表

序号	必　　须	不　　准
9	电焊工更换焊条时，必须戴电焊手套	不准用手直接更换焊条
10	清理焊渣时必须戴上防护眼镜	不准未戴眼镜进行清理
11	严格执行管材和焊材出入库管理制度，并严格执行相应的焊接和热处理工艺技术措施	不准随意使用焊材
12	焊材、焊条、焊丝等均应有制造厂的质量合格证	不准使用不合格的材料
13	钨极氩弧焊所用氩气纯度不低于99.95%	不准使用不合格的氩气
14	焊口的位置应避开应力集中区且便于施焊及热处理	不准在应力集中部位设置焊口
15	对淬硬倾向较大的合金钢材用热加工法下料后，加工后要经表面探伤检验合格	不准未经检验就焊接
16	焊件的预热宽度从对口中心开始，每侧不少于焊件厚度的三倍	不准未经预热就焊接
17	中、高合金钢（含铬量≥3%或合金总含量＞5%）管子和管道焊口，焊接时应充氩气或混合气体保护	不准未经保护而施焊
18	管子焊接时，两端应保持封闭	管内不准有穿堂风
19	对需做检验的隐蔽焊缝，必须经检验合格后，方可进行其他工序	不准未经检验而进行其他工序
20	含碳量≤0.3%的碳钢管，厚度≥26mm，焊前必须预热到100～200℃	不准未经测定预热温度就焊接
21	15CrMo钢管厚度≥10mm时，焊前必须预热到200～250℃	不准未经测定预热温度就焊接
22	12CrMoV，ZG20CrMo壁厚≥6mm时手工电弧焊前必须预热到250～300℃	不准未经测定预热温度就焊接
23	12Cr2MoWVB钢管，ZG20CrMoV，壁厚≥10mm手工电弧焊前必须预热到250～300℃	不准未经测定预热温度就焊接
24	10CrSi2MoVZ，12CrMo，12Cr2MoWVB钢管厚度≥6mm，但在零度以下焊接时必须预热到250～300℃	不准未经测定预热温度就焊接
25	焊前坡口及其两侧（20mm）必须彻底清除铁锈和油污	表面如有铁锈和油污不准焊接
26	预热温度，对口间隙等达到相应的技术要求后方可开始焊接工作	严禁强力对口
27	焊接过程中出现异常情况，焊接人员必须及时向上级汇报，查清原因，并采取相应的技术措施	不准在未查清原因，未采取相应的技术措施，而继续焊接
28	不锈钢焊接的层间温度必须在250℃以下	不准在层间温度大于250℃以上焊接

续表

序号	必 须	不 准
29	焊接不锈钢的焊工，必须使用 250℃ 的测温表	不带测温表不准焊接
30	打磨不锈钢，必须使用不锈钢专用砂轮片和钢丝刷	不准使用打磨碳钢的砂轮片和钢丝刷
31	焊接时必须在坡口上引弧	不准在管道、支架或设备上乱引弧和试验电流
32	领出焊条后，必须接通焊条保温筒的电源	不准不接焊条保温筒的电源
33	领用焊条必须用一根取一根	不准将焊条放在保温筒外的地方
34	每天用剩的焊条焊丝必须退回焊条烘烤间	不准将焊条、焊丝留在工作地点
35	焊条头必须放在焊条筒内	不准乱扔焊条头
36	支架焊接必须将油漆、铁锈、镀锌打磨干净	不准带着油漆、铁锈、镀锌焊接
37	管子对口，必须找正对直	对口歪斜、不正，不准焊接
38	套管焊接的电流必须在规程规定的范围之内	不准将管子焊穿
39	焊完的焊口必须进行打磨清理	不准有药皮、飞溅、咬边、砂眼
40	焊口施焊完毕，焊工必须首先对焊口进行表面检查	不准焊完不查
41	焊缝不合格必须进行返修	不准以任何借口拒不返工
42	补焊时，必须制订具体的补焊措施并按照工艺要求进行	不准无措施进行补焊
43	安装冷拉口所使用的加载工具，必须待整个对口焊接和热处理完毕后方可卸载	不准提前进行卸载
44	承压部件焊前必须进行与实际条件相适应的模拟练习，并经代样检查合格后方可正式施焊	不准擅自上岗施焊
45	焊接承压部件时，必须用引弧板引弧	不准在承压部件上引焊
46	在油系统及电缆层等易燃物的上方进行焊接作业时，必须加隔离层	不准金属熔渣飞溅掉落在油管道、电缆、电线上
47	在容器内焊接时，必须保持通风良好，必须有人监护	不准向容器内充氧气，容器内使用的行灯电压不准超过 12V
48	焊接转动机械时，必须有良好的接地线	不准通过轴及轴承组成焊接回路
49	在高空进行切割和焊接时，必须做好防止熔渣下落的安全措施	未采取措施不准直接进行切割和焊接
50	气割时，必须在被割物体下面垫上东西	不准在地面上直接气割

(九) 防腐施工工艺纪律

防腐施工工艺纪律见表 6-9。

表 6 - 9   防 腐 施 工 工 艺 纪 律

序号	必　　须	不　　准
1	设备、管道、建筑物等刷漆前，必须清理干净油污、锈迹、灰尘	不准直接涂刷
2	刷漆作业区下方的设备、管道、地面必须用塑料布等遮盖防护，有洒落的必须及时清理干净	不准油漆滴洒在设备、管道、地面上
3	设备、系统刷漆前，必须在观察孔、回油窗、温度表、压力表、液位计、指示灯、操作按钮、铭牌等各种标志以及连接部件的螺纹处进行遮盖保护或涂防护剂，刷漆后及时清理干净	不准把涂料刷在其上面
4	室内的设备和管道，宜先涂刷两遍防锈漆，再涂刷一遍调和漆；室外的设备和管道，宜先涂刷两遍云母氧化铁酚醛漆，再涂刷两遍云母氧化铁面漆	不准只刷一遍油漆
5	油管道，宜先涂刷一遍铁线醇酸底漆，再涂刷两遍醇酸磁漆	不准只刷一遍油漆
6	管沟中的管道，宜先涂刷一遍防锈漆，再涂刷一遍醇酸磁漆	不准只刷一遍油漆
7	水箱内壁和直径较大的循环水管道内壁，宜涂刷两遍防锈漆。工业水箱、工业水管道、循环水管道外壁，宜先涂刷两遍防锈漆，再涂刷两遍沥青漆	不准只刷一遍油漆
8	制造厂供应的设备（如水泵、风机）和支吊架，若油漆损坏或不协调时（如转动机械的电动机和转动装置的颜色不一致），应再涂刷一遍颜色相同或协调的油漆	设备不准裸露
9	现场制作的支吊架，宜先涂刷两遍防锈漆，再涂刷一遍与制造厂供应的支吊架颜色协调的调和漆	不准裸露
10	平台扶梯宜先涂刷两遍防锈漆，再涂刷一遍调和漆，调和漆的颜色应与建筑结构或本体平台的颜色协调	不准裸露
11	厂内管道应按规定进行上色	不准乱刷漆
12	管道蠕胀检查管、蠕胀测点、流量测量装置、阀门、伸缩节等处的保温做成可拆式结构，以便于检查和检修需要	不准降低工艺要求
13	用玻璃丝布作保护层时，施工应以螺纹状络紧在主保温层外，并视管道坡度，由低向高络卷，前后搭接50mm，垂直管道应自下而上络紧。玻璃丝布缠必须平整无皱纹、无气泡，均匀拉紧粘牢，黏结剂采用聚醋酸乙烯乳液	不准降低工艺要求

序号	必　　须	不　　准
14	保温外保护层施工。圆柱形设备或直管段上的金属护壳，长度为 500～900mm，展开宽度为保温层外圆周长加 30～40mm 的搭接尺寸。金属护壳的环向搭缝，室内管道采用单凸筋结构，室内管道则用重叠凸筋，所谓凸筋结构就是将镀锌铁皮放在摇线机上压出凸筋，并留有 5～10mm 的直边	不得低于相关数据
15	室外使用自攻螺丝的地方必须进行防腐处理。外包铁皮铝皮在弯头处必须圆滑过渡，在外包阀门保温时相关部位必须形成 90℃ 棱角。无论铁皮、铝皮必须和管道、阀门、弯头结合紧密，不能有中空或留隙现象	无论铁皮、铝皮接缝处必须单向沿缝，沿缝处不能外露保温或翘角

07

第七章

机组检修工期管理

机组检修工期管理是机组检修管理的重要管控因素之一，工期计划是否合理、过程控制是否有效，直接影响着机组检修的进度、成本和质量。良好的工期计划与执行需要从修前、修中、修后等全过程进行合理的管控，并对各阶段的不同因素实施动态调整。机组检修工期管理主要包括检修工期计划的编制、检修工期计划的过程与节点控制以及检修工期计划的调整等内容。

第一节　检修工期计划编制

一、检修工期计划编制的目的

机组检修工期控制是针对机组检修的进度目标进行工期计算，是水电企业根据常规检修项目的规模与特殊项目复杂程度，以及本企业对检修工期的要求、物资到位计划等进行科学分析后，设计出机组各检修项目的最佳工期计划。机组检修工期计划确定后，根据进度目标确定实施方案，在机组检修过程中进行控制和调整，以实现进度控制的目标，通过检修进度计划编制、修中执行、过程检查以及进度对比调整四个步骤，达到高效完成检修工作的目的。

二、检修工期计划编制的原则

（1）水轮发电机组检修工期计划一般分为主线工期计划和重大特殊项目工期计划、各专业检修工期计划等。

（2）机组检修工期计划主要包括机组拆机、机组修复、机组装机、机组调试试验等四个阶段，可以清楚地查看项目中任务的逻辑关系，确定该阶段中是否有项目遗漏，达到对整个工期的有效控制。

（3）应对影响检修工作各方面因素进行系统和动态地考虑；要充分考虑检修项目之间的逻辑关系、检修各专业间的衔接、各检修单位（外委厂家）工作时间安排以及安全临界条件限制等，计划编制需要各级专业人员共同协作完成。

（4）在工期计划编制时，水电机组检修工期计划中的里程碑控制点必须明确，以达到对检修进度进行有效控制。

（5）根据历次机组检修情况，结合机组检修项目制定工期计划应有一定的超前性，立足实际劳动组合、技术力量等，提前规划。

三、检修工期计划编制的方法

（1）根据检修历史记录和经验估算来调整和优化计划，保留标准的规范作为参考，消除浪费工作与重复工作，推动检修计划管理水平的不断提高。利用统计管理方法，注重历次检修工时、人力的投入情况，总结检修成功的经验，提高计划的可重复性，形成"最佳工期网络图"。

（2）确定检修项目。检修项目包含检修常规项目、特殊项目、技改项目、技术监督项目、整改消缺项目以及各专业检修项目需要其他专业支持（比如需要厂家技术支持等）和外委项目等。

（3）根据总的检修工期及检修项目确定机组检修的重要工期控制节点（里程碑计划）。

（4）将每个专业的检修工作分解为几条并行的检修路线，以主线计划工期为主，辅机设备可以同时安排几条并行的检修路径，结合专业配合计划及各项技术监督计划等工作穿插安排到检修主线计划中去。

（5）水轮发电机组各专业检修项目顺序以主机设备检修为主线，抓住主线、协调辅线，及时调整，参考机组检修的里程碑计划，确保重点工期项目或配合重点工期项目按时完成。

（6）检修工期计划编制一般采用关键路线法和甘特图法。

第二节　过程与节点控制

一、检修工期的控制

在检修项目进展的过程中，不同时间、不同检修阶段形成不同形式的工程量，也有不同的工期失控原因。工期控制途径及措施包括以下几方面：

（1）机组检修组织结构健全。机组检修指挥部统一指挥和协调，负责检修工期进度，负责检修调试、试运、总启动等协调工作。质量监督保障组对可能影响工期、机组运行经济性较大影响、随机组检修实施的科技项目等统一把关。

（2）健全会议机制。定期召开检修协调会，听取职能层、执行层关于检修工作进展情况的汇报，协调分析和解决检修过程中存在的进度问题。

（3）加强组织管理，强化协调作用，合理调配人员、检修物资、工器具等各要素。要求参加检修的不同管理部门及管理人员协调配合相关工作，工期计划紧凑安排。应从全局出发合理组织，统一安排人力、材料、设备等，为工期计划的实施创造条件。

（4）利用分级工期计划控制、突出关键路径。为保证总体目标实现，对工期进行分级网络计划控制。严格界定责任，依照管理责任层层制定总体目标、阶段目标、节点目标的综合控制措施，全方位寻找技术与组织、目标与资源、时间与效果的最佳结合点。坚持抓关键线路作为最基本的工作方法，作为组织管理的基本点，并以

此作为牵制各项工作的重心。

（5）建立机组检修工期考核机制。检修工期考核是水电企业与检修承包单位签订的机组检修合同中重要组成部分，在合同中明确总工期及部分里程碑工期，根据相关奖惩管理办法给予考核或奖励，最大限度发挥检修工期控制作用，有效约束检修承包单位的检修行为，从而保证检修工期。

（6）严格检修工序控制。掌握现场检修实际情况，利用工作日志记录各工序的开始日期、工作进程和结束日期，其作用是为计划实施的检查、分析、调整、总结提供原始资料。因此，严格工序控制有三个基本要求：一是要跟踪记录；二是要如实记录；三是要借助图表、影像资料形成记录文件。并将记录的资料作为下一次检修的参考资料。

（7）大修期间，每周向上级单位报送机组检修情况（检修周报）。

二、检修工期的控制评价

对检修工期的执行情况进行评价的目的是了解检修工期计划的实际执行情况和有效性，评价工期计划编制的合理性和准确性，从实际的计划执行情况提供经验反馈，找到计划编制中存在的问题，便于计划编制的持续改进。

对于检修工期的完成情况，主要统计相关的检修进度计划是否按原计划完成，对于进度延期问题必须找到产生的根本原因，如工期是否估计不足，专业配合情况、资源分配是否合适或检修人员技能是否满足要求等原因，为今后的计划编制提供依据。

第三节 工 期 计 划 调 整

年度检修计划经过批准后，水电企业严格执行，做好相关备件、材料等准备工作以及相关技术设计、措施的落实工作，确保检修计划工作在预定工期计划内安全、优质、高效有序开展。

（1）上级调度部门下达的年度检修工期计划中，大修的开工时间原则上不作调整。特殊情况需要调整的，应报上级调度部门审批，在季度、月度检修计划中予以明确。

（2）检修开工后，如遇增减重大特殊、更新改造项目或其他因素对检修工期产生影响，应于机组计划停用时间过半前，向上级主管部门申报，同意后向上级调度部门提出申请，经批准后方可实施。

（3）检修过程中如遇地震、暴雨、非检修设备抢修、水淹厂房、重大传染性疾病等不可抗力因素对检修工期产生影响，对检修工期计划进行重新调整后，及时向上级主管部门申报。

08

第八章

检修监理管理

第一节　检修监理的概述

一、检修监理的定义

检修监理是指为了提高检修管理水平、保证机组检修质量，在机组检修的具体实施过程中，受水电企业的委托和授权，监理单位根据国家相关的法律、法规以及技术标准，对整个机组大修全过程实施监督管理，以保证检修行为、检修过程、检修结果符合预定目标要求。

二、检修监理的适用范围

机组检修或设备重大技术改造项目中，存在以下情况时可引进检修监理：

（1）项目工序复杂，工期较长，对原有系统功能和性能影响大。

（2）过程中采用新技术、新工艺，对专业知识要求高，水电企业内部人员短时间内无法掌握。

（3）容易因使用材料规格、品种、性能有误，检修方法、检测误差、设计计算错误等引起质量不可控。可在经向上级主管部门汇报申请、批复后，聘请监理单位开展检修监理工作。

三、检修监理的工作原则

监理单位虽然与水电企业是合同关系，但它仍是一个相对独立的机构，工作开展过程中要坚持如下几个原则：

（1）服务原则。监理单位利用自己在监理方面的专业知识、技能和经验，为水电企业提供高质量的监督管理服务。

（2）独立原则。监理单位与水电企业、检修单位之间的关系是平等的，在检修工作中，监理单位是独立的一方，按照独立、自主的原则开展检修监理工作。

（3）公正原则。公正性是监理工作正常、顺利开展的基本条件，也是监理单位和监理人员从业的基本职业道德准则。水电企业、监理单位、检修单位三者之间以水轮发电机组检修项目为纽带，以合同为依据，以可靠性、经济性为核心，相互协作、配合又相互监督、制约。

（4）科学原则。根据监理工作的技术服务性质，要求其必须遵循一定的科学准则，具有一定数量的、业务素质合格的监理人员，且拥有一套科学的管理制度和工作程序，并掌握现代化的管理手段。

第二节 检修监理采购

检修监理采购计划需要与年度检修计划同时上报，根据上级主管部门批复情况，在检修工作开工前5个月完成检修监理合同的签订。

检修监理单位应满足以下资质要求：

（1）经工商行政管理部门注册登记具备独立法人资格，或接受具有法人资格的监理公司指导并设立相应的监理部门，配置专人负责。

（2）总装机300MW及以上容量机组检修监理应具有国家部委及行业主管部门颁发的水利水电工程监理甲级资质；总装机50～300MW容量机组检修监理应具有国家部委及行业主管部门颁发的水利水电工程监理乙级资质；50MW以下容量机组检修监理应具有国家部委及行业主管部门颁发的水利水电工程监理丙级资质。

（3）投入项目监理人员应结构合理、人员充足、专业齐全、经验丰富，监理人员应具有电力系统相关专业中级以上技术职称；主要机电设备安装调试（机、电等专业）监理人员，至少1名人员有机组安装、检修、调试项目的全过程监理经验。

第三节 检修监理过程管理

一、检修监理组织机构设置

水轮发电机组检修涉及面宽、情况复杂，因此必须设置正确合理的组织机构，明确各级参与人员的职责，并加以监督以保证监理目标的顺利实现。监理单位根据监理合同要求，成立检修监理组，一般要求设置一名项目总监理工程师，一名副总监，并根据水电企业检修机组具体情况配置相应专业组、安全监察组等。

检修监理岗位设置及岗位职责分工见表8-1。

表 8-1   检修监理岗位设置及岗位职责分工表

岗　位	人　员	岗 位 职 责 分 工
总监理工程师	×××	负责监理组全面工作，分管合同、财务、人事
副总监	×××	协助总监工作，分管安全或技术负责人
专业监理工程师	×××	负责×××组工作，组织开展验收、收集汇总监理资料
安全工程师	×××	负责现场安全、文明、环保的监督检查工作，提出整改意见或停工通知
监理员	×××	负责现场监理工作

二、检修监理工作内容

监理单位应当依照法律、法规以及技术标准、设计文件及承包合同和水电企业对监理单位的委托内容，代表水电企业对检修过程实施监理，并承担监理责任。主要工作内容包含安全控制、质量控制、检修进度控制、资料管理等。

(一) 安全控制

确认水电企业做好机组检修的系统设备隔离措施，审查检修单位提交的安全文明施工方案，并监督落实。监督检修单位安全保证体系运作情况。遇到威胁安全的重大问题时，有权提出"暂停施工"意见，并通报水电企业。

(二) 质量控制

(1) 组织（或配合）水电企业、检修单位共同对设备大修前运行状态诊断确认，对机组缺陷进行梳理，做好记录、形成修前评估报告。

(2) 检查检修单位是否按检修项目认真全面执行，确保不漏项，如果发现漏项，须立即向检修单位提出。

(3) 检查检修现场原材料、备件的采购、进场、入库、保管、领用等管理制度及其执行情况。

(4) 参加主要设备、材料的现场开箱检查，对设备保管提出监理意见。

(5) 审查大修各专业施工技术方案、施工质量保证措施。

(6) 参与审查试验方案、试验措施及试验报告，并对实施过程进行监督检查。

(7) 检查现场检修人员中特殊工种持证上岗情况。

(8) 参与检修项目、关键工序的质量检查和验收。

(9) 协助水电企业审查与处理检修中出现的质量事故，并提出监理意见。

(10) 严格控制项目变更，对确实无法进行的检修项目，督促检修单位按项目变更要求进行审核、批准，获准后方可变更；检查检修单位对项目变更的执行情况，严格按变更内容执行。

(11) 检查检修过程中检修单位对缺陷的消除情况。

(12) 检修单位在试验中暴露出的问题，督促其提出处理方案并落实。

(13) 协助水电企业组织好机组检修全过程验收工作。

(14) 督促检修单位积极配合好水电企业的机组启动工作。

(15) 审核检修单位提交的大修总结报告。

(16) 组织水电企业、检修单位对机组检修后运行状况进行检查，并与修前设备进行状态分析对比，检验大修的效果，确定机组设备可靠性是否提高。

(三) 检修进度控制

(1) 审查检修单位编制的检修进度计划，并监督实施。

（2）检查设备、材料和备件的实际供应进度，满足各阶段检修需求。

（3）检查检修单位人力、机具、资源的投入情况，确保满足检修需要。

（4）检查大修工期网络计划，特别是关键项目的进度情况。发现检修进度与工期网络计划出现偏差，须立即督促检修单位及时采取合理措施调整进度。

（四）资料管理

（1）督促检查检修单位检修记录及时、准确、规范、齐全。

（2）督促检查检修单位完成资料整理工作以及各种资料的归档，并向水电企业移交。

（3）定期以书面（周报、月报）形式向水电企业汇报检修进度、质量及安全文明生产控制情况，并通报检修单位。

（4）检查大修过程中使用材料、备品的统计记录。

（5）检查设备异动的完成情况记录，协助水电企业做好机组检修后设备技改、异动的修改、审批工作。

（6）编制整理监理工作的各种文件、通知记录、检测资料、图纸等形成监理报告。

（7）协助水电企业填写检修技术文件、大修全过程总结及台账记录、资料存档工作。

09

第九章

后勤保障管理

第一节　概　　述

后勤保障管理工作主要包括生活物资采购、食宿管理、交通管理、应急保障管理等内容。为了保证各项检修工作的正常开展，水电企业应建立相应的后勤保障管理制度，做到"有章可循、有据可查、有人负责、有人监督"。在水轮发电机组检修工作开始前成立后勤保障组，明确职责。后勤保障组相关人员应树立服务意识，确保各项工作的有序开展和推进，为在检修一线作战的检修人员提供高质量的后勤保障服务。

第二节　后勤保障管理的原则

水轮发电机组检修后勤保障管理遵循"以人为本"的工作理念，通过满足全体员工的切身利益为导向，将工作落于实处，使其能够在主动服务的基础上，提高工作效率及质量。后勤保障工作主要突出"勤""细""实"三个原则：

（1）勤。后勤保障工作人员要树立服务意识，做到吃苦耐劳、有求必应、恪尽职守、面面俱到、热情服务，将各类资源有机组合，优质、高效完成水轮发电机组检修后勤保障任务。

（2）细。水轮发电机组检修后勤服务工作涉及人员多，内外联系面广，在安排工作时，同时考虑各种应变措施，努力在细节中体现全局、关照全局。

（3）实。后勤保障工作必须务实，应切实做到关注每一位员工的感受、需求，倾听员工的声音。

第三节　后勤保障管理的要求

一、生活物资采购

生活物资采购应该遵循公开和择优原则。由后勤保障组根据员工需求和工作需要统一进行采购。

二、交通管理

在水轮发电机组检修项目实施过程中，车辆使用较为频繁，为确保行车安全和各项工作的有序开展，应加强检修车辆安全管理。

水电企业、检修单位、监理单位对各自的检修用车负责管理并服从以下管理要求：

（1）设专人对管辖车辆进行日常维护、保养等。每日行车前应进行安全检查，行车途中应遵守交通规则，注意行车安全。

（2）驾驶员应保持车辆整洁及车况良好。

（3）维修、保养、加油等事宜，均应由后勤保障负责人负责落实。

（4）车辆钥匙统一交由后勤保障负责人管理；检修现场用车，由后勤保障负责人统一调配，并做好用车登记。

（5）严格管理外出用车，用车人应先填写车辆使用申请单，报后勤保障负责人批准后方可使用。

（6）接送员工上下班的驾驶员按规定准时出车，不得误点。

（7）驾驶员应服从出车安排，不准借故拖延或拒不出车。

（8）驾驶员应注意休息，保持良好的精神状态，不准疲劳驾驶，不准酒后驾车。

（9）特种作业车辆必须满足国家相关规定，设备、人员技能、岗位资格等必须符合相关规定要求。

三、食宿管理

（一）食堂管理

（1）后勤保障管理人员应指定专人负责食堂管理，并设置兼职或专职卫生员。安全文明环保组人员应经常检查食堂相关设备、消防设施、用电设施，确保其安全可靠。

（2）采购人员对其采购食材的安全、卫生负责，严禁采购腐烂、变质的食品，防止食物中毒。食堂管理人员对每日采购的食材进行验收，验收不合格的食材不得进入厨房。

（3）应制定食堂相关设备的安全操作规程，对炊事机具进行定期检查，防止事故发生；严禁非工作人员进入厨房和保管室；食堂工作人员下班前应关好门窗，检查各类电源开关、设备等。

（4）食堂工作人员检修前进行一次专项体检，无健康合格证者，不得在食堂工作。上岗时必须穿戴好工作服、工作帽、口罩，并保持清洁、整齐。

（5）后勤保障组应加强员工就餐管理，规范员工的用餐行为，为员工提供良好的用餐环境。应严格按照规定的就餐时间组织用餐，因加班需提供夜宵时，检修负责人应提前与食堂管理人员联系，便于食堂工作人员准备食材。

（6）用餐期间应自觉爱护食堂内的公用设施，树立文明用餐意识，坚决杜绝浪费粮食的不良现象出现。

（二）宿舍管理

为了使员工有良好的休息环境，能够更好地工作、生活，员工宿舍应服从以下（不限于）管理规定：

（1）凡有传染病或有不良嗜好者，不得入住员工宿舍，一经发现要立即报告，并及时采取有效措施或调离。

（2）住宿人员必须服从后勤保障组人员的管理、监督。

（3）室内禁止烹饪或私自接配电线及装接电器。严禁存放易燃易爆等危险品，防止火灾事故的发生。

（4）不准在室内大声喧哗、吵闹、酗酒闹事、打架斗殴、赌博及其他不良、不当行为。

（5）不得在床上抽烟，举止文明，尊重他人，自觉维护公共走道卫生。

（6）住宿人员离开宿舍后必须断水、断电，禁止浪费资源。

（7）宿舍现有的器具设备（如床铺、包裹架、玻璃、门窗等）以完好状态交与检修全体人员使用，如有疏于管理或恶意破坏，酌情由相关人员承担修理费或赔偿费，并视情节轻重论处。

（8）若检修单位、监理单位等人员入住当地酒店、宾馆等，应严格执行酒店、宾馆相关管理规定。

四、应急管理

检修现场除配备足够的医药箱及常用药物，如创可贴、碘伏、纱布、绷带及感冒药、退烧药等，以备员工应急使用，还应针对性配置担架、转运车辆等。同时，后勤保障组相关管理人员应取得当地县级以上医疗机构的联系方式，当有人员受伤时，便于及时与医疗机构取得联系送医。

后勤保障组工作人员应熟练掌握触电急救、心肺复苏、骨折、食物中毒等救援技能，当发生意外事故时，应积极协助相关人员开展应急救援工作。

10

第十章

检修启动试验

第一节　水轮发电机组静态验收

机组检修工作全部结束后，机组静态验收由检修指挥部组织，验收成员由职能层、执行层负责人组成，重点对检修项目完成情况和质量验收状况及检修技术资料进行核查，并根据现场验收情况决定机组是否能进行启动试验。

一、机组静态验收的主要内容

（1）检修项目已全部完成且通过三级验收合格，各项电气、机械试验合格、技术记录和有关资料齐全、有关设备异动报告已交检修指挥部审核、并向运行人员进行交底、检修现场清理完毕、安全设施恢复。

（2）确认所有影响机组进入启动试验阶段的因素均已排除（检修工作已全部结束、不存在重大的设备缺陷或隐患、所有的隔离已解除、检修中加装的临时措施已拆除等）。

（3）确认已按启动程序完成机组所有静态调试项目（如机组各轴承注油、压油装置试运行、蜗壳门和尾水门已关闭、转动部分检查、推力外循环注试运行、进水口工作闸门无水启闭试验等项目），且各项试验合格，具备尾水管充水条件。

（4）查设备标志、指示、信号、自动装置、保护装置、表计、照明等是否正确、齐全。

（5）检查现场整齐清洁情况，相关部位已清扫干净，吊物孔、临时孔洞已封堵，照明良好。

二、机组静态验收的基本程序

（1）检修指挥部组织验收成员，明确人员组成和职责分工。

（2）根据检查内容，按专业编制静态验收检查表。

（3）启动试验组对照检查表逐项逐条进行检查，并做好记录。

（4）现场检查验收情况应及时汇报给检修指挥部，并责令进行整改。

（5）静态验收完毕后至启动前，所有安全措施的执行由总指挥统一管理、出口。

第二节　启　动　相　关　试　验

启动试验方案经检修总指挥审核批准后执行，参与试验的所有成员必须熟悉启动试验方案。机组检修启动试验方案（范本）见附件二十二。

一、机组启动试验安全管理原则

（1）机组启动试验是检验机组检修效果的一个重要环节，也是不安全事件的易发阶段，必须加强此阶段的安全管理，严格执行两票三制，按机组启动试运程序进行启动，做好启动过程中的安全监督管理工作。

（2）机组启动前，启动试验组编制完成启动试验方案并经检修总指挥批准后执行，同时编写机组检修启动检查记录簿，记录簿范本见附件二十三。

（3）机组启动前，启动试验组负责人应把安全、技术措施和应急预案向全体检修人员交底，并组织学习、签字确认，必须进行隔离的区域应按要求设置隔离措施。

（4）机组启动试验组应保证参加启动的工作人员身体健康，精神状态良好，劳动防护用品齐全完整。

（5）机组启动试验组应保证启动所用各种工器具准备充分，处于合格状态。

（6）机组启动试验组应建立工作联系汇报机制，明确工作联系汇报的内容、工作程序和相关要求。

（7）在检修现场布置启动指挥台，部署启动试验信息显示屏，实时发布启动试验信息。

（8）进入发电机风洞与机组转动部分开展相关测试以及检查工作时，严格实行登记管理，防止异物落入转动部分。

（9）启动主机和重要辅机时，现场应设专人监护，保持通信畅通。

（10）整个启动过程中，设立安全警戒区，设专人警戒，无关人员不得进入启动现场。

（11）机组启动过程中发生异常事件，应立即按照应急预案或应急措施的要求，开展应急处理工作，控制事态的发生，防止人身伤害、设备损坏、环境污染等事故的发生或扩大，并做好记录。

（12）每项试验合格后，经总指挥同意后方可进行下一项试验。

二、首次启动试验前具备的条件

（1）所有工作票交回运行值长或值班负责人。

（2）静态验收合格、保护校验合格可全部投运、防火检查已完成、设备铭牌和标识正确齐全、设备异动报告和运行注意事项已全部交给运行部门、启动试验大纲审批完毕、运行人员做好操作准备。

（3）各种相关资料、检修调试报告、试验记录齐全。各种电测、热工仪表试验检验工作已经完成，校验合格，记录翔实规范，合格证按规定已经贴好。

（4）检修启动试验方案编制、审核完成。

（5）变压器绝缘油检验合格。

（6）设备试运行申请单填写完毕。

（7）检修前所做安全措施全部恢复至试验状态。

（8）相关部位及指挥机构的通信、联络方式完备、检验合格。

三、召开首次启动试验布置会

当具备启动试验条件后，检修总指挥组织质量监督保障组组长、安全文明环保监督组组长现场检查安全措施的实际状态与检修前状态一致，召集全部检修人员召开机组启动试验会，会议主要内容如下：

（1）检修组、运行操作组、质量验收组负责人员汇报专业组检修项目的完成情况，是否存在影响机组启动和交付系统调度的情况。

（2）质量监督保障组、安全文明环保监督组负责人对检修工作进行总体汇报。

（3）检修总指挥宣布机组检修项目的验收情况及安全措施状态。

（4）检修总指挥宣布机组检修进入启动试验状态，并部署机组启动试验的相关工作。

四、启动试验前的检查

（一）引水系统检查

1. 进水口拦污栅、检修门及工作门（主阀）检查

（1）进水口闸门及拦污栅顶盖板齐全。

（2）进水口拦污栅检验合格，进水口拦污栅前漂浮物清理干净。

（3）进水口检修闸门处于关闭状态。

（4）进水口工作闸门（主阀）在关闭状态。

（5）进水口通气孔畅通。

2. 压力管道、蜗壳、转轮室及尾水管、尾水洞检查

（1）压力引水管道、蜗壳内部检查完成，蜗壳进人门已按要求封闭。

（2）尾水管内无杂物，经过检查、验收合格，进人门已按照要求封闭，尾水溢流阀已全关。

（3）机组尾水管排水阀关闭严密。

（4）机组蜗壳放空阀处于关闭位置。

（二）水轮机检查

水轮机及辅助设备检修、验收完成，检修检查记录完整。并对以下内容进行重

点检查：

（1）水轮机室照明正常，机坑内已清扫干净。

（2）顶盖自流排水孔畅通，顶盖泄压管检查合格，顶盖测量孔已封堵，顶盖排水泵已试验正常，投入"自动"运行。

（3）检修密封充排气正常，不漏气，压力正常，工作密封经检验合格。

（4）导叶处于关闭状态，接力器锁锭投入。导叶最大开度、关闭后的严密性及压紧行程已检验符合要求。

（5）导叶剪断销剪断信号检验合格。

（6）水导油槽油位已调整合格，油质化验合格。

（7）大轴中心补气阀、补气管与排水室各部位间隙调整合格，严密性试验及设计压力下动作试验合格，处于自动状态，补气管检修阀处于开启状态并锁定。

（8）水轮机自动化元件及测量仪表校验整定合格，管路、线路连接良好，管路已经清扫干净，信号正确。

（三）机组调速器系统检查

（1）调速系统设备已试验完成，调速系统的电气回路检查和性能检查符合要求。

（2）油压装置检查合格，油位正常、油质化验合格。油泵、油压和油位开关、过滤器、组合阀、压力传感器等工作正常，并均按要求整定。手动、自动、PLC（可编程逻辑控制器）操作正常，卸载阀、安全阀动作值符合要求。漏油箱及附件检验合格。

（3）各油压管路常闭阀门已关闭，手动将油压装置的压力油通向调速系统，检查阀门、接头及元件不渗油。

（4）压油装置补气系统手动、自动功能调试合格并投运正常。

（5）调速器的静态试验已经完成，结论合格。调节阀、位移传感器、行程开关等设备已整定合格。

（6）导叶开度、接力器行程与调速器显示值一致，事故配压阀和导叶分段关闭装置等均已调试合格。

（7）测速装置检验合格，模拟机频、测速信号、导叶反馈、电源消失等故障情况下的保护功能。检查比例阀、引导阀、切换阀防卡、防震、断线和防止油黏滞等功能，能正确动作。

（8）接力器手动、自动锁定装置已经调试，拔出、投入灵活，信号指示正确，充水前将锁锭投入。

（9）调速器已经手动、自动开、停机操作（包括事故紧急停机）模拟试验及手自动切换试验结果正确。

（10）各种保护报警、事故信号及调速系统的工况能与机组 LCU（现地控制单元）通信，联动试验完成。在机组 LCU 上能正确反映调速器的各种状态。

（11）机组测速装置和过速保护装置已试验正常，转速继电器已整定，模拟机械过速保护装置动作正确。

（四）发电机检查

发电机及励磁系统所有设备已检修完成，验收合格，分项试验和检验合格，检修记录完整。并对以下内容进行重点检查：

（1）发电机机坑内已清理干净，检查定子、转子气隙内无任何杂物，气隙符合要求。

（2）碳刷与集电环接触良好，验收合格。碳刷已拔出，碳粉收集装置处于备用状态。

（3）发电机的空气冷却器风路、水路畅通，压力表、温度计、示流信号器均验收合格，检查阀门、管路无渗漏现象。

（4）机械制动和吸尘系统符合要求。

（5）制动系统气源正常，手动、自动操作可靠，制动器的落下、顶起位置信号正确，充水前将制动器手动顶起。

（6）推力轴承及外（内）循环油管路、水管路检查验收符合要求，油槽，油位正确，油质符合要求。轴承、油槽温度指示正确。温度监视和油流监视正常，保护和控制回路调试合格，各阀门处于正常运行状态。油泵运行正常。

（7）发电机导轴承及其油冷却系统检查合格，各部油位正常，油温、瓦温显示正确。

（8）机组测温电阻和装置已校验合格，仪表盘和机组 LCU 能正确监视机组各部温度。

（9）机组的振动、摆度检测系统已调试符合技术要求。

（10）发电机的所有自动化元件、传感器、表计、阀门、电磁阀等均已调试合格。其电缆、导线、辅助线、端子板均已检查正确无误，固定牢靠，机组 LCU 与各子系统进行联动调试完成。

（11）机坑内的照明、加热器等设施检查合格，电气设备应接地的部分已可靠接地。

（五）机组励磁系统检查

（1）励磁系统主回路连接可靠，绝缘良好，相应的高压试验合格。

（2）励磁操作、保护及信号回路接线正确，动作可靠，表计校验合格。

（3）交流刀闸，直流灭磁开关主触头接触良好，开距符合要求。交流侧刀闸、直流侧灭磁开关操作灵活、可靠。灭磁开关联跳发电机出口开关回路动作正确。

（4）励磁系统静态试验已完毕，励磁调节器已调试正常，通道切换可靠，现地和远方操作的切换正确、可靠。

（5）各报警及事故信号正确，与机组保护联动试验动作正确，与机组 LCU 联动试验动作正确，机组 LCU 能正确反映机组励磁系统状况。

（六）油、气、水系统检查

（1）透平油、绝缘油及油处理设备满足机组、主变供油和排油要求，供油油质和供排油管道符合要求。

（2）压缩空气系统等供气正常，系统无漏气现象，满足用气要求。

（3）机组技术供水系统管路进行通水渗漏检查合格，各排水泵、润滑水、工作密封水供水部位已接入水源，保证连续供水。

（4）机组投入运行的油、气、水系统中的压力表、示流信号计和温度计等自动化元件检验合格，调整完毕。

（5）机组各管路、设备已按要求涂漆，管道已标明了流向，阀门、设备已编号挂牌。

（6）各排水地沟、地漏、管道畅通。

（七）电气一次设备检查

（1）发电机引出线及相关设备，发电机中性点、发电机出口及机端 CT、发电机出口开关及刀闸、发电机出口开关主回路及其 CT、PT 等设备已试验完毕，检验合格，具备带电条件。各测温元器件试验合格，显示正常已能传送监控系统。

（2）主变压器试验合格，所有阀门位置正确，铁芯及主体可靠接地，主变压器油位正常，绝缘油化验合格，变压器冷却系统已检查无渗漏现象试运正常，变压器分接开关已置于电力系统指定运行挡位。

（3）主变保护 PT、CT 及避雷器以及高低压侧电缆绝缘电缆试验合格。

（4）主变相关试验完毕。

（5）现场相关照明正常，主要工作场所、交通道和楼梯间照明、疏散指示灯已检查合格，事故照明已检查合格。

（八）电气二次系统及回路检查

（1）直流电源系统：直流电源系统已投入正常运行，相关设备正常受电。

（2）继电保护、自动装置和故障录波设备检查正常。

（3）所有控制保护电缆接线已经过检查，接线正确，PT、CT 接线检查合格。

（4）发电机、变压器继电保护和故障录波屏检查完成。

（5）保护和故障录波设备以硬接点的形式向相关 LCU 传送信息，经联动试验，结果正确。

（九）控制回路检查

下列电气回路已检查并通过模拟试验，验证其动作的正确性、可靠性与准确性：

（1）机进水口闸门（主阀）自动操作回路（包括自动远方控制和过速模拟落门回路）。

（2）机组自动操作与水力机械保护回路。

（3）水轮机调速系统自动操作回路。

（4）发电机励磁操作回路，包括灭磁开关联跳出口开关操作回路试验动作正确。

（5）发电机出口开关、刀闸、地刀操作与安全闭锁回路。

（6）主变高压侧开关、刀闸、地刀操作与安全闭锁回路。

（7）水轮发电机组及相关设备的交直流电源回路。

（8）机组辅助设备控制回路。

（9）发电机出口开关同期回路。

（10）设备控制、保护等回路正确，联动、传动试验合格。

以上回路的操作，不仅包括了手动、自动操作，还包括计算机监控系统对上述系统设备的运行状态、运行数据、事故报警点的数据采集、监视和控制的命令，以及重要数据的变化趋势等的采集和传送。

（十）装置检验及传动试验

下列继电保护和自动化回路已进行模拟试验，保护带开关进行传动试验，验证了动作的正确性与准确性：

（1）发电机、励磁、主变压器、厂高变继电保护回路。

（2）发变组故障录波回路。

（3）机组自用电源系统备用电源自动投入回路。

（4）机组辅助设备交直流电源主备用投切、故障切换等各类工况转换控制回路。

（5）与机组试运行相关的控制、保护等已按批准的定值单进行设置完成，正确无误。

（6）机组状态监测、转子绝缘监测、轴电流监测等装置校验合格。

五、检修后的启动试验项目及内容

（一）调速器静态特性试验

1. 试验目的

依据水轮机调速器的相关规程，调速器检修后，需要对调速器的静态特性、空载特性和负荷特性进行检测，选择调速器各工况最优的调节参数，调整和检验调速器的调节性能，同时处理调速器存在的各项技术问题，使调速器的各项性能指标满足相关规程的要求，以保证机组及电网的安全稳定运行。

2. 试验要求

试验前布置测点，准备好试验仪器，确定机组进水口工作闸门（主阀）落下，防止机组进水口闸门（主阀）误开的安全措施已执行到位，保证蜗壳无水压，机组处于静态条件下。

3. 试验项目

（1）静态故障模拟试验。

（2）永态转差系数及转速死区测定。

（3）静态动作时间测试。

（二）充水试验

1. 试验目的

检查进水口、尾水闸门的启闭情况，检查机组全部过水部件以及供水管路的密封、耐压情况，检查水轮机工作密封漏水情况、检修密封充压止水情况，检验进水口工作闸门（主阀）在静水中启闭是否满足要求，为机组启动做好充分准备。

2. 充水试验具备的条件

（1）确认全部机电设备已检修完毕并通过验收。

（2）确认进水口工作门启闭设备已处于备用状态，工作闸门（主阀）与检修闸门处于关闭状态，确认机组大轴中心补气隔离阀开启，压力钢管通气孔畅通，通气孔口防护栏安装牢固可靠。

（3）确认尾水闸门处于关闭状态，启闭机具备开启条件。

（4）确认进水口拦污栅前的漂浮物已清理干净，并记录上、下游充水前的水位情况。

（5）确认蜗壳进人门、尾水管进人门封闭牢固。

（6）确认蜗壳放空阀处于关闭状态。

（7）确认机组尾水管排水阀处于关闭状态。

（8）确认机组技术供水取水阀处于关闭状态。

（9）确认机组超声波测流系统检修调试完毕，管口密封严密。

（10）确认机组调速系统已建压正常，调速器在"机手动"运行方式，导叶开度已关至"全关"位置，接力器锁锭在"投入"位置。

（11）确认机组制动风闸在"顶起"状态，制动系统气压正常。

（12）确认水轮机主轴检修密封已投入，气压指示正常。

（13）确认机组顶盖排水泵位于"自动"运行状态，增加的临时顶盖排水泵已安装完成，处于备用状态。

（14）确认与充水、排水有关的各通道和各层楼梯照明充足、照明备用电源可靠。

（15）各运行设备监视点已安装好联络信号和电话，与现场指挥台的信号和通信联系可靠。

（16）确认各部操作、监护、观测人员已到位，并准备就绪。

（17）确认"充水前的检查及要求"已完成并符合试验条件。

3．充水试验过程中注意事项

（1）启动试验组联合检查充水条件具备并确认签字。

（2）按照充水试验程序进行充水，充水过程中，严密监视尾水管进人门、蜗壳进人门、顶盖、导叶密封、各供水管路、阀门、压力表等设备应无漏水，确保厂房及设备安全，发现漏水等异常现象时，立即停止充水进行处理，缺陷处理后重新进行充水。

（3）充水正常后调整机组技术供水各部水压至正常范围。

（三）水轮发电机组首次开机启动试验

1．试验目的

检查机组机械部分的检修、安装质量是否达到标准要求，机组的动平衡是否合格。

2．试验前应具备的条件

（1）水轮机尾水管、压力钢管、技术供水管路充水试验全部完成，尾水管进人门、蜗壳进人门、顶盖、导叶密封、各供水管路、阀门、压力表等设备无漏水。

（2）机组所有检修工作结束，人员全部撤离，检修工器具清点完毕并全部收回存放至规定地点，检修工作所做临时安全措施撤除，所有工作票由运行部门收回。

（3）确认进水口工作闸门（主阀）和尾水门处于全开状态。确认机组充水试验中出现的影响安全运行的问题已处理完毕并验收。

（4）确认各部位测温装置处于正常工作状态，各轴承油槽油位正常，外循环润滑油系统、操作油系统工作正常，油质合格。水导、下导、推力、上导轴承油冷却器冷却水处于投入状态。检修密封系统工作正常。

（5）机组各轴承油色、油质、油位满足机组运行规范。

（6）机组转动部分各连接部件紧固无松动，无异物。

（7）机组水机保护与温度监测装置投入正常，其余保护退出。

（8）机组制动系统能正常投入。

（9）机组调速器在手动。

（10）发电机出口断路器、隔离开关在断开位置。

（11）励磁系统全部处于退出状态，所有碳刷在拔出状态。

（12）发电机出口 PT 处于工作位置，一次、二次保险投入。

（13）转子集电环碳刷已安装完毕，集电环碳刷全部拔出。

（14）机组顶盖排水泵投入自动。

（15）机组推力轴承油膜已建立。

（16）机组技术供水投入，各冷却水水压、流量、水温满足机组运行要求。

（17）启动试验指挥信号已明确，指挥、通信、信号系统已完善并投入。

（18）各部位监测人员准备就绪，机组振动监测设备安装完毕。

（19）启动前对机组的联合检查无异常并经检查小组确认签字。

3. 试验操作及注意事项

（1）各部检查人员汇报启动前的各项工作正常后总指挥下令手动开机。

（2）落下发电机风闸，检查风闸闸块全部落下。

（3）退出机组检修密封，投入水轮机主轴密封润滑水，确认流量与压力正常。

（4）开启机组技术供水，确认各部流量与压力正常。

（5）启动推力轴承循环油泵，检查推力油槽油位，确认流量与压力正常。

（6）确认调速器油压正常。

（7）拔出接力器锁锭。

（8）采用调速器机手动开机方式，缓慢打开导叶开度（3%～5%），待机组开始转动后立即关闭导叶，使机组滑行停机，检查并确认机组固定与转动部分无碰撞、摩擦和异常声响，监控系统应无异常信号。记录导叶开度及接力器行程，并向指挥台汇报监测情况。

（9）确认机组各部无异常，总指挥发布开机命令重新开机。手动落下风闸，检查每个风闸已复位，将机组按 25%、50%、75%、100%额定转速逐级升速。在每一个转速段均应停留运行一段时间，并得到总指挥的命令后方可继续升速。在 100%额定转速运行至瓦温稳定。

（10）在启动升速过程中监视机组各部位，如发现金属碰撞声、水轮机室蹿水、推力瓦温度突然升高、油槽甩油、机组摆度过大或出现异常振动等现象时应紧急停机，经检查处理后方能重新开机。

（11）记录机组在当前水头下的启动开度和空载开度，在额定转速时，校验转速表、频率表指示的一致性。

（12）在机组升速过程中，密切监视各部位运转情况，各部位轴承温度不应有急剧升高现象。机组在额定转速运行的前半小时，严密监视各部轴瓦温度上升情况，观察轴承油面的变化，油位应正常。待各部轴承瓦温稳定后，整定各部油槽的运行

油位，记录稳定的温度值不应超过设计规定值。

（13）监视水轮发电机组主轴密封及各部位水温、水压、水流量及水压差。监视顶盖自流排水和顶盖排水泵工作是否正常。记录尾水及顶盖压力值。

（14）监测启动运行过程机组振动、摆度值（如振动、摆度超过标准应进行动平衡试验）并做好记录。

（15）监视蜗壳、尾水压力变化及其压力脉动值。

（16）测量、记录机组运行摆度（双幅值），其值应小于设计规定值。

（17）测量、记录机组各部位振动，其值应符合设计规定。

（18）测量发电机残压。

（19）当各部轴承瓦温变化小于1℃/h后，可认为瓦温达到稳定，记录各部位稳定运行时瓦温值。在各部轴承温度稳定后，标好各部油槽的运行油位线。

（20）记录各轴承温度。

（21）运行中若发现轴承油温、瓦温上升过快，接近或超过最高允许温度值时应立即停机检查处理。

（22）试验过程中应检查水轮机室内的漏水和排水情况、主轴及导叶水封盘根的严密性，检查油槽内油位、油色有无变化，是否甩油等。

（23）机组稳定运行正常，各部轴承瓦温稳定后，即可进行手动停机。停机后做好防止机组转动的安全措施，对机组进行全面检查，重点检查以下内容：

1）检查转动部分各部位螺栓、销钉、锁片是否松动或脱落。

2）检查转动部分的焊缝是否有开裂现象。

3）检查转子磁极连线和引出线有无松动。

4）检查发电机上下挡风板吊架、支撑是否有松动或断裂。

5）检查制动闸板的摩擦情况及动作情况。

6）检查各轴承油槽油位、油色变化是否在正常范围。

7）检查转子上部各设备的固定情况。

8）检查水轮机传动部分固定正常，相关附件有无松动。

（四）过速试验

1. 试验目的

检查机组过速回路是否正常，校核115%转速继电器整定值；检验机组转动部分在故障情况下的振动幅度是否在合格范围，考验机组过速状态下机械部分的机构强度。

2. 试验要求及注意事项

（1）确认机组手动开、停机试验结束，试验结果正常。

（2）检查机组各部已操作至具备手动开机状态。

（3）监视机组过速保护动作情况，记录过速动作过程中的各部振摆的变化情况。

（4）过速停机后，手动投入制动装置，投入接力器锁锭及调速器紧急停机电磁阀，做好机组转动部分检查的安全措施，对发电机转动部位各部进行详细检查。

（五）自动开停机试验

1. 试验目的

检查机组自动开停机控制流程执行情况。

2. 自动开机需具备的条件

（1）机组手动开停机试验正常。

（2）检查机组 LCU 交直流电源正常，处于自动工作状态。

（3）检查发电机、主变、主变高压电缆保护、励磁变保护全部投入正常。

（4）接力器锁锭及制动器实际位置与自动回路信号相符，接力器纯机械锁锭已退出。

（5）技术供水回路各阀门、设备已切换至自动运行状态。

（6）制动系统及粉尘收集装置已切换至自动运行状态。

（7）推力轴承外循环系统已切换至自动运行状态。

（8）励磁系统交流刀闸、直流灭磁开关断开。

（9）电气测速装置、齿盘测速装置及残压测频装置工作正常。

（10）调速器处于自动位置，功率给定处于"空载"位置，频率给定置于额定频率，调速器参数在空载最佳设置。

（11）检查转子回路绝缘电阻符合要求。

（12）发电机碳刷已装，且与集电环接触良好，机端电压互感器已恢复。

3. 自动开、停机试验的方法和步骤

（1）总指挥令：运行操作人员在上位机操作自动开机至空转。

（2）检查各开机条件满足后，由运行操作人员在上位机发开机至空转指令。

（3）按照机组自动开机流程，检查各自动化元件动作情况和信号反馈正常。

（4）检查机组各部运行情况正常。

（5）检查机组自动开机运行正常后，由总指挥令自动停机。

（6）由运行操作人员操作机组计算机监控发停机指令，监视机组自动停机情况。

（7）检查测速装置及转速接点的动作情况，记录自发出停机令到机械制动投入的时间，记录机械制动投入机组全停的时间。

（8）检查机组停机过程中各停机流程与设计顺序应一致，各自动化元件动作应可靠，检查各反馈信号及停机流程的执行情况。

（六）发电机短路升流试验

1. 试验目的

录制发电机定子电压与转子电流的关系曲线，录制定子绕组三相短路时的稳态短路电流与励磁电流的关系曲线。检查发电机 CT 回路的正确性，检查发电机保护动作的正确性。

2. 发电机短路升流试验前准备工作

（1）试验前在发电机短路板连接处设置安全围栏，悬挂标识牌，所有人员均与设备保持相应电压等级的安全距离。

（2）试验前，检查确认发电机出口短路试验装置已安装合格。

（3）断开发电机出口开关，拉开发电机出口隔离刀闸，拉开发电机出口地刀。断开相应的操作电源，防止发电机出口断路器合闸。

（4）拉开发电机中性点接地变压器刀闸，做好防止合闸的措施。

（5）励磁系统交流进线刀闸 A、B、C 三相均断开，灭磁开关断开。

（6）拆除发电机离相封闭母线与励磁变高压侧之间的软连接，做好隔离措施，通过××kV 厂用电系统备用开关连接好他励电源并核相序正确，并测量绝缘合格，对他励电源开关保护整定值设置满足要求。

（7）按要求投入发电机组所有水机保护，发变组保护投信号，断开发变组保护出口。

（8）技术供水系统、油循环系统已投入运行，各部轴承冷却系统的水压、流量正常，主轴密封水压、流量满足设计要求。

（9）根据定子、转子绝缘情况确定发电机定子空气冷却器是否投入。

（10）恢复发电机集电环碳刷并投运，每个碳刷与集电环接触面不小于70％。

（11）复查各接线端子应无松动，检查升流范围内所有 CT 二次侧无开路。

（12）计算机监控系统正常投入运行，处于监视状态。

3. 发电机短路升流注意事项

（1）试验中最大短路电流不应超过定子额定电流，升流范围内的电流互感器不得开路，两次试验的间隔时间不应少于10min。

（2）短路升流应用"手动闭环控制"进行，升流过程必须监视定子三相电流平衡，不平衡时应立即灭磁停机检查。

（3）试验时，设专人监护，防止误合试验电源或试验人员误入带电间隔。

（4）在机组转动部分巡视或工作时，一定要着装整齐，并与转动部分保持一定的安全距离。

（5）试验中对机组各运行部位加强巡视。

（6）试验服从统一指挥，保证各关键部位的通信畅通。

4．发电机短路升流试验操作

（1）手动开机至额定转速，保持机组空转，检查机组各部运行正常。

（2）检查励磁变自然通风良好，励磁功率柜风冷回路正常。

（3）将励磁调节器切至"现地"控制的"手动"控制方式，电流给定最小。

（4）检查短路范围内的 CT 二次残余电流，不能有开路现象。

（5）合上励磁交流进线刀闸，投入××kV 他励电源开关，检查核实他励电源相序正确，合上直流灭磁开关。

（6）按下调节器触摸屏操作框中"励磁投入"键，监视发电机启励（初始电流）过程正常。

（7）操作励磁调节器增磁键缓慢升流升至发电机额定电流 5％，检查 CT 二次电流，仪器仪表、励磁系统、发电机，检查定子电流平衡度。

（8）检查升流范围内各 CT 二次无开路，逐步增大励磁电流，按 10％间隔定子额定电流逐级升流，录制发电机短路特性上升曲线，记录定子电流和励磁电流值，最大升至 100％定子电流，然后减励磁，按 10％定子电流逐级减小，直至降至 0，录制发电机短路特性下降曲线。

（9）检查发电机保护、励磁变压器保护、故障录波及测量回路的电流幅值和相位正确。

（10）手动启动故障录波装置，录取发电机电流波形。

（11）测量额定电流下的机组振动与摆度，检查碳刷与集电环工作情况。

（12）试验过程中检查发电机主回路、励磁变、封闭母线等各部位运行情况并测量其温度。

（13）检查发电机出口屏蔽板发热情况并测量其温度。

（14）记录升流过程中定子绕组及空冷各部温度。

（15）断开他励电源开关，拉至检修位置。

（16）拆除封闭母线短路试验装置，恢复封堵母线盖板。

（17）用红外热像仪对发电机定子、转子端部处的焊接处进行检查，确认无异常。

（18）恢复发电机励磁变与出口母线的连接。

（七）发变组零起升压试验

1．试验目的

（1）发电机、发电机封闭离相母线至出口开关段母线、发电机出口电压互感器等一次回路升压带电检查。

（2）检查发电机 PT 回路、相序的正确性。

（3）检查发电机空载特性曲线录制。

（4）发电机空载额定电压下的轴电压测量。

2. 发变组零起升压准备工作

（1）检查发电机、主变压器、厂变、励磁变等相关电气部分，应设安全围栏，悬挂标示牌，所有人员均与设备保持相应电压等级的安全距离。

（2）检查发电机出口开关、出口隔离刀闸在分闸位置，拉开发电机出口地刀，合上发电机中性点刀闸，并挂"禁止合闸，有人工作"标示牌。

（3）检查发电机各电压回路无短路。

（4）检查发电机励磁系统交流进线刀闸 A、B、C 三相均断开、直流灭磁开关断开。

（5）发电机励磁变已与发电机出口母线可靠连接。

（6）投入发电机中性点接地装置。

（7）检查发电机、主变、主变高压电缆保护、励磁变保护全部投入正常。

（8）发电机振动、摆度监测设备、测温装置等已投入。

（9）计算机监控系统投入。

（10）发电机冷却系统投入。

（11）各部位监视人员已经到位，通信畅通。

3. 零起升压安全注意事项

（1）严格执行试运行各项规章制度，倒闸操作严格按操作票执行。

（2）试验时监视发电机定子电压和转子电流，发现异常情况，立即降压灭磁（操作励磁退出按钮），跳开发电机灭磁开关或立即停机。

（3）转子电流和定子电压不应超过额定值，在升压过程中应监视发电机定子三相电压应平衡，定子三相电流均接近于零，不平衡时应立即灭磁停机检查。

（4）在机组转动部分巡视或工作时，与转动部分保持一定的安全距离。

（5）试验过程中对机组各运行部位加强巡视。

（6）试验中试验服从统一指挥，保证各关键部位的通信畅通。

4. 发电机零起升压步骤

（1）手动开机至额定转速，机组各部运行正常；将调速器切"自动"方式运行正常，监视调速器运行。

（2）检查发电机三相残压相位及各相电压值，并做好记录。

（3）励磁变自然通风良好，励磁功率柜风冷回路正常，励磁系统备用正常。

（4）检查发电机直流灭磁开关断开，合上发电机励磁系统交流进线刀闸。

（5）将发电机励磁调节器切至"现地"的"手动"控制方式，电流给定最小。

（6）合上发电机直流灭磁开关，检查发电机直流灭磁开关合闸正常。

（7）按下调节器触摸屏操作框中"励磁投入"键，监视发电机启励（初始电压）过程正常。

（8）操作励磁调节器升压至 10％额定电压时，检查发变组保护、故障录波、励磁、调速器、测量等所有系统的机组电压量的正确性，测量发电机 PT 二次侧三相电压平衡、相序、幅值是否正常，测量 PT 二次开口三角电压值。检查电气一次带电设备运行是否正常，机组各部振动、摆度是否正常。

（9）正常后分别升压至 25％、50％、75％、100％额定电压，分别在每个电压点停留检查发变组保护、故障录波、励磁、调速器、测量等所有系统的机组电压量的正确性，测量发电机 PT 二次侧三相电压平衡、相序、幅值是否正常，测量 PT 二次开口三角电压值，检查电气一次带电设备运行是否正常，测量机组各部振动、摆度、温升等值。

（10）发电机零起升压各部检查正常后，逐步将发电机电压由 100％额定电压降至"零"，切除励磁。

（11）切除发电机保护灭磁联跳压板，断开发电机直流灭磁开关。

（12）检查发电机"空转"运行正常。

5. 发电机带主变压器零起升压步骤

（1）检查发电机"空转"运行正常。

（2）检查发电机出口开关、出口隔离刀闸在分闸状态，检查发电机与主变压器相连地刀在拉开状态，检查主变高压侧刀闸在分闸状态，并挂"禁止合闸，有人工作"标示牌。

（3）检查发电机直流灭磁开关在断开位置，断开机励磁调节器内发电机出口开关辅助接点空开。

（4）合上发电机出口隔离刀闸、出口开关。

（5）手动投入主变压器 A、B、C 相各一台冷却器运行正常。

（6）检查发电机、主变、主变高压电缆保护、励磁变保护全部投入正常。

（7）检查发电机直流灭磁开关断开，合上发电机励磁系统交流进线刀闸。

（8）将发电机励磁调节器切至"现地"的"手动"控制方式，电流给定最小。

（9）合上发电机直流灭磁开关，检查发电机直流灭磁开关合上正常。

（10）按下调节器触摸屏操作框中"励磁投入"键，监视发电机启励（初始电压）过程正常。

（11）操作励磁调节器升压至 10％额定电压时，检查发变组保护、故障录波、励磁、调速器、测量等所有系统的机组电压量的正确性，测量发电机 PT 二次侧三相电压平衡、相序、幅值是否正常，测量 PT 二次开口三角电压值，主变低压侧 PT 二次侧三相电压平衡、相序、幅值是否正常，检查发变组电气一次带电设备运行是否正常，机组各部振动、摆度是否正常。

（12）正常后分别升压至 25％、50％、75％、100％额定电压，分别在每个电压点停留检查发变组保护、故障录波、励磁、调速器、测量等所有系统的机组电压量的正确性，测量发电机 PT 二次侧三相电压平衡、相序、幅值是否正常，测量 PT 二次开口三角电压值，主变低压侧 PT 二次侧三相电压平衡、相序、幅值是否正常，检查机组同期装置、主变高侧开关同期装置电压测值正常；检查发变组电气一次带电设备运行是否正常，测量机组各部振动、摆度、温升等值。

（13）发电机带主变零起升压各部检查正常后，逐步将发变组电压由 100％额定电压降至"零"，切除励磁。

（14）切除发电机保护灭磁联跳压板，断开发电机直流灭磁开关。

（15）检查发电机"空转"运行正常。

（16）手动停发电机正常，断开发电机出口开关、拉开发电机出口隔离刀闸。

（八）同期试验

1. 试验目的

（1）检查同期装置二次回路接线是否正确。

（2）检查发电机出口断路器的同期合闸回路的接线是否正确，同期合闸时间是否满足要求。

2. 试验具备的条件

（1）按照上级调度规定已对发电机出口开关自动同期装置的电压、频率、导前角进行了测试。已模拟由手动同期装置和自动同期装置发令合开关。

（2）发电机保护、变压器保护、母线差动保护、开关保护、高压电缆光纤保护、线路保护的整定值已按上级调度下达的正式定值单整定完毕，保护极性已校核，调试已完成，保护已投入正常。

（3）GIS 组合电器所有充电试验完成，GIS 母线带电正常，与机组相连接的 GIS 串上开关、刀闸二次电源恢复正常投入。

（4）机组升流、升压试验完成，机组与主变零起升压时同期电压回路已检测无误，机组与系统相位已核对，主变冲击试验完成。

（5）向系统申请进行机组同期并网试验，已得到上级调度允许。

3. 试验时应注意的事项

（1）发电机出口开关两侧隔离开关断开，确保与主系统断开。

（2）与发电机相连的主变在"热备用"状态，地刀均在断开位置，刀闸在合闸位置。

（3）与发电机相连的高厂变开关在断开位置，保护投入正常。

（4）发电机、变压器、高厂变与发电相连的 GIS 串上开关保护投入正常。

（5）将发电机自动开机，升压至额定值，按照试验程序用同期装置模拟将机组与系统并列。

4. 发电机出口开关手动假同期试验的操作布置

（1）模拟发电机出口刀闸合闸信号至机组 LCU。

（2）解开发电机出口开关到调速器系统、励磁系统的合闸接点。

（3）合上串上机组侧开关，向主变充电正常。

（4）将机组励磁调节器切至远方自动调节方式，调速器切至远方自动模式，自动开启机组至空载状态。

（5）在机组 LUC 上投入机组手动准同期装置，手动调节机组的频率、电压进行假同期并列。

（6）对发电机出口开关的合闸过程进行录波。分析波形图，检查合闸的压差、频差、导前时间是否合适，否则调整并重新试验，至压差、频差、导前时间符合要求并记录。

（7）检查正常后跳开发电机出口开关，保持机组在"空载"状态。

5. 发电机出口开关自动假同期试验的操作步骤

（1）检查并确认发电机处于冷备用状态。

（2）模拟发电机出口隔离刀闸合闸信号，并现场确认该隔离刀闸机械位置处于断开状态。

（3）在机组 LUC 上将同期装置切至自准方式。

（4）在机组 LCU 上发"空载"至"发电"令，由机组 LCU 自动投入同期装置，自动调节进行同期合闸，对发电机出口开关的合闸过程进行录波，检查自动同期装置发调频、调压命令情况，检查调速器系统接到调频命令的执行情况，检查励磁系统接到调压命令的执行情况。

（5）检查完毕后断开发电机出口开关，将机组转为"空载"状态。

（6）分析同期过程的波形图，检查合闸的压差、频差、导前时间是否符合要求，否则调整并重新试验，至压差、频差、导前时间符合要求并记录。

（7）解除模拟发电机出口隔离刀闸合闸信号，恢复发电机出口开关到调速器系统、励磁系统的合闸接点。

6. 发电机出口开关手动同期并网试验的操作

（1）检查发电机出口开关在断开位置，合上发电机出口刀闸，检查机组在"空

载"运行，检查励磁调节器及调速器操作模式为自动方式，同时做好人工紧急跳开发电机出口开关的准备。

（2）在机组 LCU 上投入机组手动同期装置，进行手动调节频率、电压，进行同期并网。

（3）同期并网正常后跳开机组出口开关，机组保持在"空载"状态运行。

7. 发电机出口开关自动同期试验的操作

（1）在机组 LCU 发"空载"至"发电"令，由机组 LCU 自动投入同期装置，自动调节进行同期合闸并网。

（2）机组并网后，带 20MW 有功负荷，检查各功率、电流、电压、电度计量装置工作状况，检查各个保护的采样、差流、阻抗角度。

（3）检查完毕后调整机组有、无功负荷为零。

（九）调速器动态特性试验

1. 试验目的

综合检验调速系统性能与设置调节参数（永态转差系数、暂态转差系数、转速死区、接力器不动时间等）是否满足机组稳定运行的要求。

2. 试验项目

（1）调速器手动、自动切换试验。

（2）调速器手动空载转速摆动值测定。

（3）调速器空载扰动试验及自动空载转速摆动值测定。

（4）发电机带负荷扰动试验。

3. 试验测点布置及测试仪器

（1）测点布置。

1）导叶开度、接力器行程、机组流量。

2）蜗壳进口、尾水管出口压力。

3）机组转速、发电机有功、功率因数。

（2）测试仪器。

1）调速系统测试分析仪一台。

2）拉绳位移传感器一只。

3）压力传感器两只。

4. 试验步骤

（1）调速器手动、自动切换试验。

1）将机组手动开至在额定转速运行，检查调速器为手动运行方式，频率给定为50Hz，电气开限稍大于启动开度。

2）通过调速器电柜上的"手动/自动"转换开关，将调速器切换至自动方式运行，观察和记录接力器行程及机组转速的变化情况。正常后再将调速器由"自动"切换为"手动"，再由"手动"切换为"自动"，分别观察和记录接力器行程及机组转速的变化情况。

（2）调速器手动空载转速摆动值测定。

1）将机组手动运行稳定于额定转速状态。

2）励磁调节器投入并置于自动运行方式。

（3）调速器空载扰动试验及自动空载转速摆动值测定。

1）将调速器"频率给定"置于额定频率，预置一组调节参数。

2）将调速器投入自动，并及时调整调节参数，使机组稳定运行于额定转速。

3）在不同的调节参数组合下，观察能使机组稳定运行的调节参数范围。

4）选择若干组有代表性的调节参数，分别在上述各组参数下对调节系统施以同样大小的频率阶跃扰动信号（一般可取 $-4Hz \sim +4Hz$），记录机组转速和接力器位移等参数的过渡过程，同时在机组稳定后用自动记录仪测定各组参数下的转速摆动值。

5）选择转速过渡过程收敛较快、波动次数不大于 2 次且转速摆动值最小的一组调节参数作为空载调节参数。然后测定机组在该组参数下，自动运行 3min 的转速最大摆动值，重复测定 3 次。

（4）发电机带负荷扰动试验。

1）检查调速器在自动方式，经过调度同意，将发电机并网，检查机组并网带10％额定负荷稳定运行。

2）根据调速器调节参数设置方式以及调速器的调节特性，参照以往的运行经验，有针对性地选择 3～5 组负荷调节参数。

3）根据规程要求，选择 10％的额定负荷作为负荷扰动量。

4）在调速器上输入第 1 组负荷调节参数，在开度模式下，分别使机组负荷发生70MW 的突增和突减，试验仪自动记录机组的转速、接力器行程、有功功率、蜗壳水压、尾水水压等参数的变化过程及量值大小。

5）确认参数记录正确完整后，分别在调速器上输入第 2 组～第 5 组负荷调节参数，进行相同步骤的试验，记录机组参数的变化过程及量值大小。

6）根据机组参数的调节量、调节时间及机组稳定情况，选择一组最优的负荷调节参数。

（十）水轮发电机组带负荷试验

1. 试验目的

检查检修后的机组及相关机电设备各部运行情况。

2. 试验要求及注意事项

（1）机组并网前各项试验已经结束，试验结果正常。

（2）机组无影响自动开机并网及自动停机缺陷。

（3）经调度同意后，自动开机并网。

（4）机组有功负荷按25％、50％、75％、100％额定负荷逐级增加至当前水头下最大负荷，运行稳定保持4h。

（5）监视全厂AGC功能投入情况下，试验机组执行AGC下发值时有功负荷调整动作情况应正常。

（6）在机组负荷调整至20％额定功率时，手动投入PSS功能并检查动作正常。

（7）机组运行过程中，密切监视各部温度和振摆情况，出现异常汇报调度停机处理。

（8）分别在"现地"与"远方"进行机组有功负荷与无功负荷增减试验正常。

（9）试验结束后，将机组停机，全面检查机组主、辅设备的工作情况，并处理发现的所有缺陷，恢复交付系统调度。

（十一）甩负荷试验

1. 试验目的

（1）检验机组在已选定的调速器空载参数下调节过程的速动性和稳定性，进而考查调节系统的动态调节质量。

（2）检验机组励磁调节系统调节过程的减磁性能及灭磁性能。

（3）检验机组过速保护的灵敏度。

（4）根据所测得的机组转速上升率、蜗壳水压上升率和尾水管真空值来验证调节保证计算的正确性。

（5）检验水轮机导叶接力器关闭规律的正确性及确定接力器的不动时间。

2. 试验注意事项

（1）试验前，检查发电机保护、主变保护、高压电缆保护、水机保护、励磁系统保护投入正常。

（2）甩负荷试验经上级调度同意。

（3）试验仪器准备到位，试验接线部署完毕。

（4）试验人员与通讯设备准备到位。

（5）甩负荷时，注意全厂总有功负荷以及系统频率的变化，根据情况及时调整，若无调节能力时，应向上级调度部门汇报。

（6）甩负荷试验分四次进行，分别为甩25％、50％、75％、100％额定负荷，若受库水位影响机组额定负荷不能达到100％时，甩当前水头下的最大负荷。

（7）甩负荷过程中配合做好调速器波形录制、机组转速变化、瓦温变化、蜗壳水压变化数据等试验记录。

（8）甩负荷过程中，如自动装置不能正常动作，应手动操作，并做好机组过速紧急事故停机的准备。

（9）根据试验要求选择跳开发电机出口断路器与保护动作出口跳开发电机出口断路器方式进行。

3. 试验步骤

（1）检查发电机保护、主变保护、高压电缆保护、水机保护、励磁系统保护投入正常。

（2）经过调度许可后，自动开机并网带 25％额定负荷稳定运行。

（3）检查试验准备工作全部就绪，经过调度许可后，在计算机监控系统操作跳开发电机出口开关断路器（根据试验需要，也可由保护专业人员开出保护动作出口），记录甩负荷过程中的各种参数或变化曲线，各部瓦温的变化情况，测量机组最高转速和蜗壳最大压力。

（4）记录接力器不动时间，应不大于 0.2s。检查自动励磁调节器的稳定性和超调量。

（5）检查水轮机调速器系统的动态调节性能，校核导叶接力器两段关闭规律、转速上升率、蜗壳水压上升率等，均应符合设计要求。

（6）检查机组各部正常后，按照上述步骤（2）～（5）分别甩 50％、75％、100％额定负荷（或当前水头下最大负荷）试验。

（7）在发电机甩 100％额定负荷（或当前水头最大负荷）时，发电机电压的超调量、振荡次数、调节时间测试结果应符合规定要求。

（8）机组甩负荷后，做好防止发电机转动安全措施后，组织人员对机组进行全面检查。

（9）全面检查机组、辅助设备、电气设备、流道部分、水工建筑物和排水系统的工作情况，消除并处理发现的所有缺陷。

11

第十一章

检修竣工及后评估

为推行规范化的检修全过程管理，着眼于检修管理的规范化、标准化、高效化、精细化，在水电企业建立科学客观的检修指标评价体系，采用评价与持续改进的手段，运用闭环控制的方法，通过对检修全过程及修后机组的各类指标的评价，找出存在的问题与差距，达到持续改进和提高检修全过程管理水平的目的。

第一节　检修资料总结整理与编制

检修单位应及时对工期、检修项目完成情况、主要设备问题及处理情况、主要检修遗留工作及处理措施、安全管理等方面进行汇总。检修总结是通过对检修准备阶段和实施阶段工作全面的归纳、总结和分析，找出好的经验做法，更重要的是找出存在的不足和遗留问题，制订相应的措施，保持检修管理工作的持续改进。机组的检修总结工作是机组检修管理工作的重要内容之一，也是检修全过程闭环管理的重要一环。做好机组检修的检修总结工作既是水电企业闭环管理、持续改进的需要，也是水电企业生产全过程管理的要求。

一、机组检修资料的整理

机组检修资料的整理是机组检修后的最重要的一个环节，是反映检修单位和水电企业管理水平的一项基础性管理工作。不但有利于日后查阅、追溯和综合分析，也可以帮助我们总结经验，促进机组检修管理的持续改进，进一步提高管理水平。机组检修资料的整理原则包括：

（1）全面性。要将有保存价值的资料全部整理。

（2）系统性。检修资料要按系统分类保存。

（3）可追溯性。质量控制文件要妥善保存，便于日后追溯。

（4）有效性。归档的文件资料应符合《质量管理体系　要求》（GB/T 19001）的要求。

（5）实用性。要筛选不具备保存价值的文件，保存有价值的资料文件。

（6）先进性。充分发挥计算机管理优势，最大限度降低资料纸质保存。

二、机组检修总结报告编制

机组检修结束后，检修单位应在30天内向水电企业提交专业总结报告，水电企业根据各专业提交的专业技术总结结合检修中的安全、质量、项目、材料和备品备件、各类整改情况以及设备试运行情况等进行总结汇总，对存在的问题及原因进行分析，总结经验，并作出评价。检修技术总结（范本）见附件二十四。

第二节 资料归档与标准修编

一、资料归档

为规范水轮发电机组检修项目资料档案管理，指导水轮发电机组检修全过程资料收集，档案归档应满足下列条件：

（1）归档时间。水轮发电机组经检修后交付系统 60 天内完成归档工作。

（2）归档项目文件。指水轮发电机组在检修全过程中的方案、专用备品备件清单、专用工器具清单、验收单、工序卡、作业指导书、设备异动、W 点和 H 点质检单、修复前后数据、启动试运行数据等一切完成水轮发电机组检修形成的文字、数据、图表和影像等形式的文件。

（3）归档整理。水电企业将资料收集进行系统分类、组卷、排列、编号和基本编目，使之有序化的过程。

二、标准修编

在检修竣工 60 天内，水电企业技术管理部门组织完成相关检修、运行规程、图纸、作业指导书、全过程管理程序及检修作业文件上的新订或修编工作。

（一）规程修编

结合检修情况，设备再鉴定以及运行调试结果，对相关检修规程、运行规程的内容进行修编，结合检修中完成的技改项目及设备（系统）异动报告。

（二）检修全过程管理资料修编

结合检修全过程管理资料实际使用中出现的问题以及检修单位的经验反馈，从工作程序、质量标准、物料准备以及工时定额等方面对检修全过程管理资料进行修编。从而完善检修标准项目的检修全过程管理资料库，方便以后的检修工作使用。

（三）图纸修编

根据水轮发电机组检修过程中发现与实际不相符情况、设备异动、技术改造情况，对相关图纸进行修改。

（四）设备台账录入

根据设备在检修中所进行的检修项目的不同，对台账中的内容进行录入，对于只进行了标准项目检修的设备，台账录入的主要内容有设备检修情况和设备完好评级记录，对于特殊、技改项目的相关的设备，台账录入的主要内容有设备技改和异动。

（五）检修作业指导书修编

根据水轮发电机组检修过程中发现与实际不相符情况、设备异动、技术改造情况，对相关检修作业指导书进行修改，以及备品备件定额、规格型号等。

第三节　检修综合评价原则和标准

一、检修综合评价原则

设备检修综合评价是对检修管理过程的一种检查评价，着眼于整个水电设备检修过程，对整个水电设备检修准备、实施、总结阶段中影响检修的人、机、料、法、环等因素进行检查、评价。评价的目的是改进，改进的基础是通过评价真实反映检修管理中尚存在的问题及差距，因此主要采用自我评价，也可采用专家评价。实施完善、科学、有效、规范地管理，保证各项指标的先进性。通过指标评价，明确指标先进性与管理有效性、科学性上的差距，确定改进方向，完善各项措施和标准，不断提高管理水平。检修综合评价原则有以下几点：

（1）中心明确。检修综合评价就是针对检修全过程管理质量及其检修效果的评估。

（2）全面系统。全面性是指指标的选择应尽可能从不同的角度反映评价对象的全貌。如考虑检修的质量管理、工期管理、安全管理、费用管理、经济技术指标管理等各个方面。系统性是指指标之间要具有一定的内在联系，而不是杂乱无章地罗列，按照类别进行分类，如按照检修准备阶段，检修实施阶段，检修总结阶段分类排列。

（3）敏感性。指标应能比较敏感地反映分析对象的变化。有些指标虽然从理论上讲是合理的，但由于外部环境发生了变化，或受到一些因素的制约，往往显示不出实际状况，类似于这样的指标是不宜加入指标体系的。

（4）有效性。指标的设置要有利于资料的取得，便于操作，各项指标要真正反映水电企业检修管理实际水平，要求真务实，力求实效。要不断完善水电企业的检修管理；实现管理上新的突破，指标上新的水平，发展上新的业绩。

二、检修综合评价标准

检修综合评价标准主要是对机组检修的修前准备阶段、检修实施阶段、检修总结阶段进行指标评定。检修综合评价检查表（范本）见附件二十五。

第四节　检修综合评价程序和方法

一、检修综合评价程序

(一) 检修综合评价机构

(1) 决策层：领导小组。

(2) 指挥层：大修总指挥、副总指挥。

(3) 职能层：主要有技术管理部门、安全管理部门。

(4) 操作层：设备管理部门、运行管理部门、物资管理部门、检修单位等。

(5) 人员素质要求：熟悉水电企业设备检修管理、检修准备、检修质量控制、检修现场管理、检修文件包应用、检修规范等有关管理工作。

(二) 检修综合评价实施

水轮发电机组检修指标评价必须建立一套科学客观的检修指标评价体系，按照检修的实施过程，检修指标评价体系分为三个方面的内容：检修准备阶段指标评价内容、检修实施阶段指标评价内容、检修总结阶段指标评价内容。

建立水轮发电机组检修指标评价体系过程中需要收集相关的指标数据，建立完整的指标数据库，根据集团同类型机组先进值、全国同类型机组先进值、本机组设计值、机组大修前全年平均完成值、修前机组性能试验值或修前统计值，确定机组检修的目标值，确定技术指标时，同时应考虑到机组负荷的影响，运行工况的影响。

二、综合评价方法

(1) 召开相关人员座谈会，以询问方式了解收集信息，了解掌握检修过程中文件包使用、检修程序签证、质量记录、不符合项报告、检修现场及定置管理、工具仪器检验、防异物控制、特殊作业现场监管等执行情况。

(2) 查阅有关检修过程的资料、文件、记录，检查文件包执行情况，检修前培训档案等；以查阅文件的方式了解收集信息；查阅有关检修过程的各类通报，了解考核情况。

(3) 检修后设备现场检查（仪表、保护、自动投入情况，泄漏情况、保温、防腐、标牌悬挂情况）。

(4) 查看检修后设备的运行状态，性能试验报告，检修总结，了解机组经济指标及小指标情况。

三、机组修后总结评价

水电企业应在机组投运 60 天后开展修后运行数据与修前数据对比，评估修后效果。并对机组检修全过程进行总体效果综合评价，并向上级单位提交评价总结报告。水轮发电机组检修后评价总结报告（范本）见附件二十六。

四、设备运行情况回访

水轮发电机组检修完成后，交付系统运行 2 个月之内，由检修单位向水电企业提供设备修后运行、维护、使用建议书。主要包括运行中的注意事项，定期维护周期及项目，压油泵启动次数、导叶漏水量、水温、水压、振摆、瓦温、轴承油位等重点关注事项的运行工况及记录及分析，遗留缺陷等。

检修单位在设备运行半年后，应到水电企业对机组运行情况进行回访，为后期检修计划准备、检修工艺改进提供有力依据。检修回访调查表（范本）见附件二十七。

水轮发电机组检修全过程规范化管理图表文件范本

附件一　机组年度检修计划表（范本）

	序号	1	2	3	……
××××年四季度及××××年度机组检修计划	电厂名称				
	机组编号				
	工作内容				
	计划开工日期				
	计划完工日期				
	工期（天）				
	检修等级				
	存在主要缺陷				
	重点项目安排				
历年检修等级	运行小时数（从机组最近一次检修后并网直至下次机组检修批准之间的运行时间）（计划为大修的填写机组一个大修周期内的运行小时数）				
	开停机次数（从机组最近一次检修后并网直至下次机组检修批准之间的开停机次数）（计划为大修的填写一个大修周期内的开停机次数）				
	上次大修时间				
	××××年汛后—××××年汛前				
	××××年汛后—××××年汛前、××××年汛期				
	××××年汛后—××××年汛前、××××年汛期				
	××××年汛后—××××年汛前、××××年汛期				
	××××年汛后—××××年汛前、××××年汛期				
	××××年汛后—××××年汛前、××××年汛期				
	……				

附件二 检修全过程管理程序（范本）

序号	项 目	要 求	完成时间	责任部门	配合部门/单位	责任人
1	机组大修前状态评估报告	各专业完成评估报告（经部门审核、签字）				
2	×号发变组检修任务书	完成项目清理、审核完成（落实安评项目、技术监督项目、安全检查项目、消缺项目等）				
3. 检修备品备件、消耗性材料落实						
3.1	编制检修备品备件、消耗性材料清单	根据检修项目，编制每项检修项目所需备品备件、材料清单				
3.2	现场核实检修备品备件、消耗性材料	根据清单，核实班组、库房每项检修项目所需备品备件、材料，对缺少的进行上报采购计划				
4. 工器具（专用工器具及测量工器具）落实						
4.1	编制检修工器具（专用工器具及测量工器具）清单	根据检修项目，编制每项检修项目所需检修工器具、专用工器具及测量工器具清单				
4.2	现场核实检修工器具（专用工器具及测量工器具）	根据清单核实每项检修项目所需检修工器具、专用工器具及测量工器具，对缺少的进行上报采购计划				
5	起重设备检查	对与检修相关的起重设备进行全面检查，并形成专项报告				
6. 技术资料落实						
6.1	检修作业指导书	各专业参照标准表进行				
6.2	规程及图纸准备	检修规程、设备出厂设计资料、安装图纸、使用说明书等纸质或电子档资料				
7. 检修作业文件落实						
7.1	检修任务书编制、审核完成	编制审核后，原件及扫描件提交				
7.2	检修专项技术方案编制、审核完成	专项方案会签后，原件及扫描件提交				
7.3	机组大修 W 点、H 点签证单	编制、打印成纸质版提交				
7.4	设备异动申请编制、审核	按照异动格式编制				
7.5	机组检修质量验收单编写	对照任务书检修项目，一项工作一张验收单进行编制、打印成纸质版提交				

序号	项 目	要 求	完成时间	责任部门	配合部门/单位	责任人
7.6	检修全过程数据记录	编制审核后，原件及扫描件提交				
8	施工网络图					
9	现场定置图					
10	检修现场标识牌（设备标识牌、作业信息牌等）					
11	外协单位及临时用工安全教育的相关资料	规程及检修工艺考试、安全培训和考试				
12	检修现场安全设施（安全标示牌、围栏等）					
13	检修宣传报道和安全保卫工作	负责大修宣传报道工作，每周出一期大修简报			/	
14	召开检修动员会	①签订检修领导小组和部门责任书；②会后部门要和员工签责任书				
15	机组检修设备与运行设备隔离措施	由运行发电部门编写、会签				
16	检修工作票，安全执行操作票准备	按照设备隔离措施，编制工作票及操作票				
17	机组检修安全防护措施	按任务书要求执行				
18	机组检修地面保护措施	按任务书要求执行				
19	大修现场指挥部布置					
20	机组启动试验方案					
21	编制检修总结报告					
22	检修总结会议					
23	……					

附件三　设备修前评估报告（范本）

×××发电厂×号水轮发电机组修前评估报告

编　　　　　　　　　制：
××××××××××××审核：
××××××××××××审核：
××××××××××××审核：
安　全　监　督　部　门　审　核：
技　术　保　障　部　门　审　核：
批　　　　　　　　　准：

×××发电厂

××××年××月××日

×××发电厂×号水轮发电机组修前评估报告

一、机组概况

二、运行情况分析

（一）水轮发电机组运行情况

（二）离相母线、GCB开关、主变设备运行情况

（三）高压电缆运行情况

（四）厂用电系统运行情况

（五）计算机监控系统、自动化装置和继电保护装置运行情况

（六）水工机械设备及其油、气、水辅助设备系统运行情况

……

三、技术监督分析

四、各类检查整改问题梳理分析（技术监督、安评、专项检查等）

五、存在问题

（设备在运行中主要存在以下缺陷等）

六、主要经济技术指标分析

七、检修建议

附件四　检修项目计划（范本）

一、常规项目

1. 水轮机常规项目

2. 发电机常规项目

3. 调速系统常规项目

4. 制动系统常规项目

5. 电气二次设备常规项目

6. 电气一次设备常规项目

7. 电测、热工、绝缘常规项目

8. 其他相关常规项目

二、特殊项目

三、两措项目

四、安全检查整改项目

五、主要缺陷项目

六、技术监督项目

七、试验项目

附件五　检修作业指导书（范本）

×号水轮发电机组×××项目检修作业指导书

一、设备概述

二、组织措施

三、安全技术措施

四、工器具准备

五、备品备件及消耗材料需求

六、检修工序及工艺要求

七、质量及验收标准

附件六　检修任务书（范本）

×××公司×××发电厂

×号发变组×修任务书

编　　　　　　　　　　　　　　制：
×××××××××××审核：
×××××××××××审核：
×××××××××××审核：
安　全　监　督　部　门　审　核：
技　术　保　障　部　门　审　核：
批　　　　　　　　　　　　　　准：

×××发电厂

××××年××月××日

第一部分　检　修　概　况

一、检修目的

二、检修级别

三、检修计划工期

四、检修范围

五、检修内容

六、检修组织形式

检修由电厂组织，××××（外委单位）共同承担本次检修任务。

七、检修质量控制

八、检修协调会

第二部分　检　修　组　织　措　施

一、组织机构

二、组织机构职责

第三部分　检　修　项　目

水轮机常规项目			
部件名称	检　修　项　目	验收级别	负责人
水导轴承	（1）　……		
导水机构	（1）　……		
……	……		
发电机常规项目			
部件名称	检　修　项　目	验收级别	负责人
定子	（1）　……		
转子及主轴	（1）　……		
……	……		
调速系统常规项目			
部件名称	检　修　项　目	验收级别	负责人
调速器	（1）　……		
……	……		
制动系统常规项目			
部件名称	检　修　项　目	验收级别	负责人
制动装置	（1）　……		
	……		

续表

电气二次设备常规项目			
部件名称	检 修 项 目	验收级别	负责人
监控系统	(1)　……		
励磁系统	(1)　……		
……	……		

电气一次设备常规项目			
部件名称	检 修 项 目	验收级别	负责人
主变压器	(1)　……		
离相母线	(1)　……		
……	……		

电测、热工、绝缘等专业常规项目			
部件名称	检 修 项 目	验收级别	负责人
电测专业	(1)　……		
热工专业	(1)　……		
……	……		

其他相关常规项目			
部件名称	检 修 项 目	验收级别	负责人
液压启闭机系统	(1)　……		
机组供水系统	(1)　……		
……	……		

技术监督项目			
部件名称	项 目 名 称	验收级别	负责人
水轮机	……		
发电机	……		
……	……		

特殊项目			
序号	项 目 名 称	验收级别	备注
(1)　……	……		

主要缺陷项目		
序号	缺 陷 内 容	备注
(1)　……	……	

安全检查整改项目			
序号	项 目 名 称	验收级别	备注
(1)　……	……		

试验项目			
序号	项 目 名 称	验收级别	备注
(1)　……	……		

附件七　专项技术方案（范本）

×××公司×××发电厂

×××项目专项技术方案

编　　　　　　　　　制：

×××××××××××审核：

×××××××××××审核：

×××××××××××审核：

安　全　监　督　部　门　审　核：

技　术　保　障　部　门　审　核：

批　　　　　　　　　准：

×××发电厂

××××年××月××日

项目（检修、改造）技术方案

一、概况

1. 工程概况

2. 工程主要工作内容

3. 工程质量目标

4. 工程安全目标

二、组织措施

1. 施工及监管负责人

2. 质量验收小组

三、技术措施

1. 工期计划（横道图或者甘特图）

2. 技术要求与技术规范

3. 施工步骤及工艺

4. 施工验收及规范

5. 质量控制计划

6. 主要施工设备清单

7. 主要施工计量工器具、检测仪表清单

8. 主要施工材料清单

9. 用工计划

......

四、安全、健康、环保措施

1. 项目危险点分析及预控措施

2. 施工安全技术保障措施

3. 职业健康保障措施

4. 环境保护措施

五、应急救援措施

1. 高处坠落救援措施

2. 触电急救措施

3. 机械伤害救援措施

......

附件八　检修质检点签证单（范本）

×××发电厂设备安装、检修质检点签证单（范本）

项目名称	水导轴承检修			
工作负责人		工作时间		质检人员签名
质检点类别	质检点内容		检修单位	水电企业
H 点	水导轴颈清扫、研磨			
	水导瓦清洗、研刮，水导瓦调整块检查			
	水导油槽底板密封条更换、卫生清扫、渗漏试验			
	水导冷却器清扫、耐压试验			
	……			
W 点	水导冷却器供排水管路及法兰检查			
	水导轴承接触式密封盖板密封条更换、安装			
	测温元件及线路检查			
	……			
备注				

说明：备注栏由工作负责人填写，用于说明有关质检点数据及验收情况。

附件九 质量验收单（范本）

×××发电厂×级质量验收单（范本）

项目类型			
项目名称		编号	
工作负责人		工作班员	工作时间	

质量标准：

填写：时间：××××年××月××日

检修情况：

填写：时间：××××年××月××日

遗留问题：

填写：时间：××××年××月××日

验收单位	检修单位			水电企业			安全文明生产评定	
验收级别	验收人	评定	日期	验收人	评定	日期		
一							评定人	
二							评定	
三							日期	
备注								

附件十　检修全过程数据记录簿（范本）

一、拆机测量记录表

1. 水/上/下导瓦间隙记录

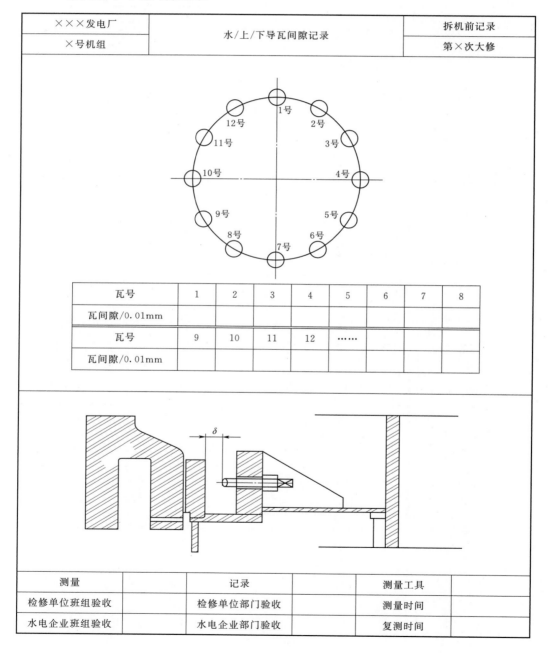

×××发电厂	水/上/下导瓦间隙记录	拆机前记录
×号机组		第×次大修

瓦号	1	2	3	4	5	6	7	8
瓦间隙/0.01mm								
瓦号	9	10	11	12	……			
瓦间隙/0.01mm								

测量		记录		测量工具	
检修单位班组验收		检修单位部门验收		测量时间	
水电企业班组验收		水电企业部门验收		复测时间	

2. 水导挡油环与轴颈间隙记录

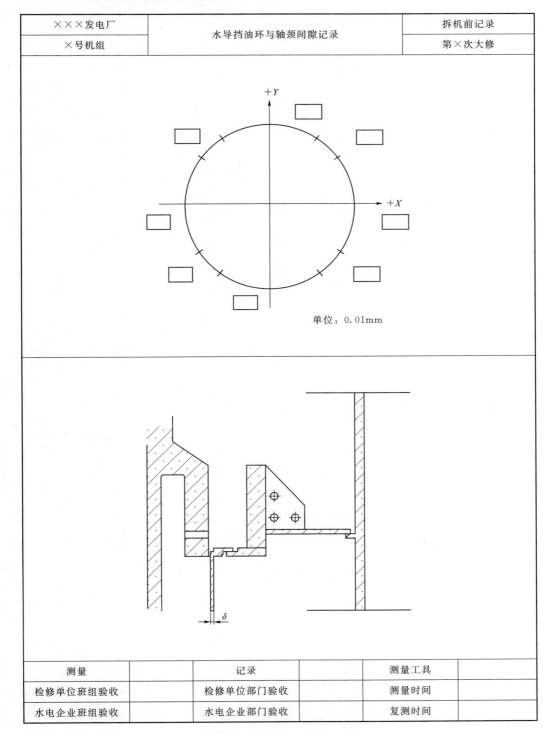

×××发电厂	水导挡油环与轴颈间隙记录	拆机前记录
×号机组		第×次大修

单位：0.01mm

测量		记录		测量工具	
检修单位班组验收		检修单位部门验收		测量时间	
水电企业班组验收		水电企业部门验收		复测时间	

3. 导水叶立面间隙记录

×××发电厂	导水叶立面间隙记录	拆机前记录
×号机组		第×次大修

测点 导叶号	I	II	III	测点 导叶号	I	II	III
1～2				13～14			
2～3				14～15			
3～4				15～16			
4～5				16～17			
5～6				17～18			
6～7				18～19			
7～8				19～20			
8～9				20～21			
9～10				21～22			
10～11				22～23			
11～12				23～24			
12～13				24～1			

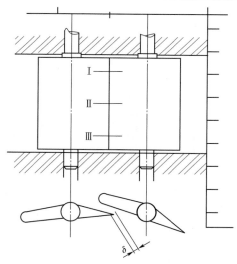

单位：0.01mm

测量		记录		测量工具	
检修单位班组验收		检修单位部门验收		测量时间	
水电企业班组验收		水电企业部门验收		复测时间	

4. 导水叶端面间隙记录

×××发电厂	导水叶端面间隙记录				拆机前记录				
×号机组					第×次大修				

测点数据 导叶号	a	b	c	d	测点数据 导叶号	a	b	c	d
1					13				
2					14				
3					15				
4					16				
5					17				
6					18				
7					19				
8					20				
9					21				
10					22				
11					23				
12					24				

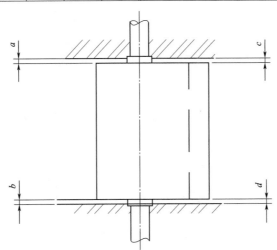

单位：0.01mm

测量		记录		测量工具	
检修单位班组验收		检修单位部门验收		测量时间	
水电企业班组验收		水电企业部门验收		复测时间	

5. 导水机构连杆长度（偏心销连板无须测量长度）记录

×××发电厂	导水机构连杆长度 （偏心销连板无须测量长度）记录	拆机前记录
×号机组		第×次大修

单位：mm

测量数据 连杆号	L	测量数据 连杆号	L	测量数据 连杆号	L
1		……		……	
2		……		……	
3		……		……	

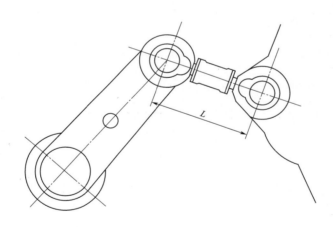

测量		记录		测量工具	
检修单位班组验收		检修单位部门验收		测量时间	
水电企业班组验收		水电企业部门验收		复测时间	

6. 控制环径向间隙测量记录

×××发电厂	控制环径向间隙测量记录	拆机前记录
×号机组		第×次大修

序号	1—1	2—2	3—3	4—4
总间隙				

测量		记录		测量工具	
检修单位班组验收		检修单位部门验收		测量时间	
水电企业班组验收		水电企业部门验收		复测时间	

7. 导叶最大开度及挡块间隙记录

×××发电厂	导叶最大开度及挡块间隙记录	拆机前记录
×号机组		第×次大修

测量数据 导叶号	a_{max}	δ	测量数据 导叶号	a_{max}	δ

单位：mm

测量		记录		测量工具	
检修单位班组验收		检修单位部门验收		测量时间	
水电企业班组验收		水电企业部门验收		复测时间	

8. 导叶抗浮块间隙测量记录

×××发电厂	导叶抗浮块间隙测量记录	拆机前记录
×号机组		第×次大修

序号	内侧	外测	序号	内侧	外测
1			6		
2			7		
3			8		
4			9		
5			……		

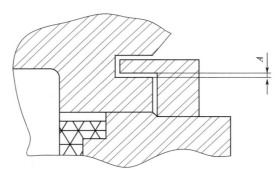

单位：0.01mm

测量		记录		测量工具	
检修单位班组验收		检修单位部门验收		测量时间	
水电企业班组验收		水电企业部门验收		复测时间	

9. 水轮机上下迷宫环间隙记录

×××发电厂	水轮机上下迷宫环间隙记录	拆机前记录
×号机组		第×次大修

单位：0.01mm

测量		记录		测量工具	
检修单位班组验收		检修单位部门验收		测量时间	
水电企业班组验收		水电企业部门验收		复测时间	

10. 接力器压紧行程与水平测量记录

×××发电厂	接力器压紧行程与水平测量记录	拆机前记录
×号机组		第×次大修

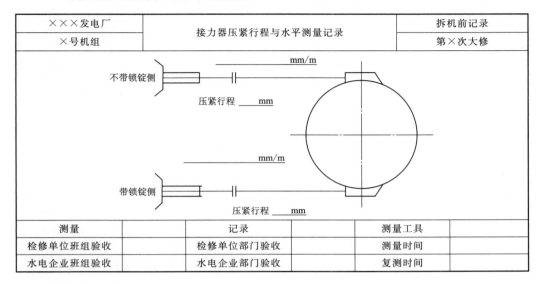

不带锁锭侧　　　　　　　　　　mm/m

压紧行程 _____ mm

带锁锭侧　　　　　　　　　　mm/m

压紧行程 _____ mm

测量		记录		测量工具	
检修单位班组验收		检修单位部门验收		测量时间	
水电企业班组验收		水电企业部门验收		复测时间	

11. 顶盖水平测量记录

×××发电厂	顶盖水平测量记录	拆机前记录
×号机组		第×次大修
		单位：mm/m

方位	测 量 记 录	方位	测 量 记 录
$+X$		$+Y$	
$-X$		$-Y$	

注意事项：

1. 在顶盖 $+X$、$+Y$、$-X$、$-Y$ 方向测量 4 个点。

2. 销钉打入，螺栓紧固情况下修前及修后顶盖水平基本无变化。

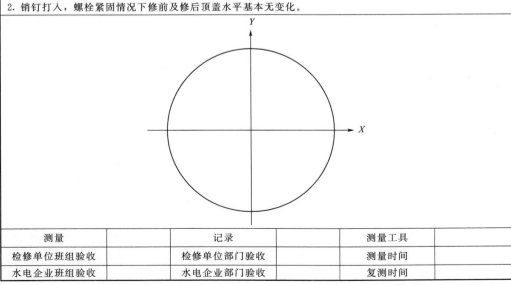

测量		记录		测量工具	
检修单位班组验收		检修单位部门验收		测量时间	
水电企业班组验收		水电企业部门验收		复测时间	

12. 上导瓦绝缘电阻值测量记录

×××发电厂	上导瓦绝缘电阻值测量记录		拆机前记录
×号机组			第×次大修

瓦号	电阻值/MΩ	瓦号	电阻值/MΩ
1		3	
2		……	

注：绝缘装置设置在滑转子与大轴之间的结构，测量部位为轴颈。

绝缘垫

测量		记录		测量工具	
检修单位班组验收		检修单位部门验收		测量时间	
水电企业班组验收		水电企业部门验收		复测时间	

13. 上机架千斤顶间隙调整测量记录（无此结构的无须测量）

×××发电厂	上机架千斤顶间隙调整测量记录	拆机前记录
×号机组		第×次大修

测量		记录		测量工具	
检修单位班组验收		检修单位部门验收		测量时间	
水电企业班组验收		水电企业部门验收		复测时间	

14. 上/下机架水平测量记录

×××发电厂	上/下机架水平测量记录	拆机前记录
×号机组		第×次大修

单位：mm/m

方位	测量记录	方位	测量记录
+X		+Y	
−X		−Y	

注意事项：

1. 在上/下架中心体+X、+Y、−X、−Y方向测量4个点。

2. 销钉打入，螺栓紧固情况下修前及修后机架水平在技术规范或厂家说明书范围内。

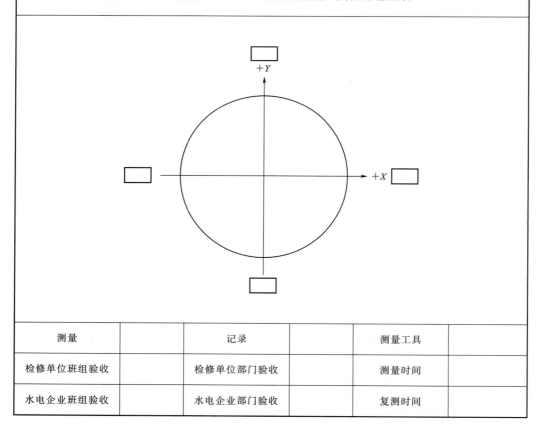

测量		记录		测量工具	
检修单位班组验收		检修单位部门验收		测量时间	
水电企业班组验收		水电企业部门验收		复测时间	

15. 风闸高程测量记录

×××发电厂	风闸高程测量记录		拆机前记录
×号机组			第×次大修

单位：mm

序号	数据	序号	数据	序号	数据
1		9		17	
2		10		18	
3		11		19	
4		12		20	
5		13		21	
6		14		22	
7		15		23	
8		16		24	

风闸高程

测量		记录		测量工具	
检修单位班组验收		检修单位部门验收		测量时间	
水电企业班组验收		水电企业部门验收		复测时间	

16. 发电机空气间隙测量记录

×××发电厂			发电机空气间隙测量记录						拆机前记录		
×号机组									第×次大修		
											单位：mm
极号	$S_上$	$S_下$	极号	$S_上$	$S_下$	极号	$S_上$	$S_下$	极号	$S_上$	$S_下$
1			13			25			37		
2			14			26			38		
3			15			27			39		
4			16			28			40		
5			17			29			41		
6			18			30			42		
7			19			31			43		
8			20			32			44		
9			21			33			45		
10			22			34			46		
11			23			35			47		
12			24			36			48		

上部：平均间隙 $S_{cp}=$　　　　　　下部：平均间隙 $S_{cp}=$

上偏率 $=(S_{max}-S_{cp})/S_{cp}=$　　　上偏率 $=(S_{max}-S_{cp})/S_{cp}=$

下偏率 $=(S_{min}-S_{cp})/S_{cp}=$　　　下偏率 $=(S_{min}-S_{cp})/S_{cp}=$

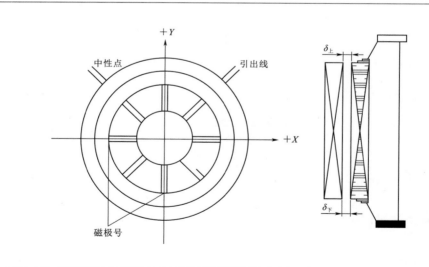

测量		记录		测量工具	
检修单位班组验收		检修单位部门验收		测量时间	
水电企业班组验收		水电企业部门验收		复测时间	

二、修复过程测量记录表

1. 导水叶立面间隙记录

×××发电厂	导水叶立面间隙记录	修复记录
×号机组		第×次大修

单位：0.01mm

测点数据 导叶号	Ⅰ	Ⅱ	Ⅲ	测点数据 导叶号	Ⅰ	Ⅱ	Ⅲ
1～2				13～14			
2～3				14～15			
3～4				15～16			
4～5				16～17			
5～6				17～18			
6～7				18～19			
7～8				19～20			
8～9				20～21			
9～10				21～22			
10～11				22～23			
11～12				23～24			
12～13				24～1			

测量		记录		测量工具	
检修单位班组验收		检修单位部门验收		测量时间	
水电企业班组验收		水电企业部门验收		复测时间	

2．导水叶端面间隙记录

×××发电厂	导水叶端面间隙记录	拆机前记录
×号机组		第×次大修

单位：0.01mm

测点数据 导叶号	a	b	c	d	测点数据 导叶号	a	b	c	d
1					13				
2					14				
3					15				
4					16				
5					17				
6					18				
7					19				
8					20				
9					21				
10					22				
11					23				
12					24				

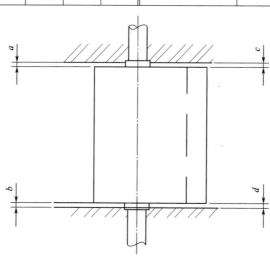

测量		记录		测量工具	
检修单位班组验收		检修单位部门验收		测量时间	
水电企业班组验收		水电企业部门验收		复测时间	

3. 导水机构连杆长度记录（偏心销连板无须测量长度）

×××发电厂	导水机构连杆长度记录 （偏心销连板无须测量长度）		修复记录
×号机组			第×次大修

单位：mm

测量数据 连杆号	L	测量数据 连杆号	L	测量数据 连杆号	L
1					
2					
3					
……					

测量		记录		测量工具	
检修单位班组验收		检修单位部门验收		测量时间	
水电企业班组验收		水电企业部门验收		复测时间	

4. 控制环径向间隙测量记录

×××发电厂	控制环径向间隙测量记录	修复记录
×号机组		第×次大修

+Y

4 1
3 2
2 3
1 4

+X

单位：0.01mm

序号	1—1	2—2	3—3	4—4
总间隙				

测量		记录		测量工具	
检修单位班组验收		检修单位部门验收		测量时间	
水电企业班组验收		水电企业部门验收		复测时间	

5. 导叶最大开度及挡块间隙记录

×××发电厂	导叶最大开度及挡块间隙记录	修复记录
×号机组		第×次大修

测量数据 导叶号	α_{max}	δ	测量数据 导叶号	α_{max}	δ
1			3		
2			……		

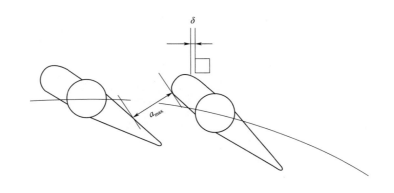

单位：mm

测量		记录		测量工具	
检修单位班组验收		检修单位部门验收		测量时间	
水电企业班组验收		水电企业部门验收		复测时间	

6. 导叶抗浮块间隙测量记录

×××发电厂	导叶抗浮块间隙测量记录	修复记录
×号机组		第×次大修

序号	内侧	外测	序号	内侧	外测
1			4		
2			5		
3			……		

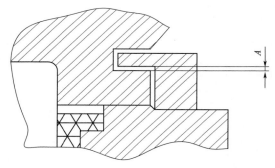

单位：0.01mm

测量		记录		测量工具	
检修单位班组验收		检修单位部门验收		测量时间	
水电企业班组验收		水电企业部门验收		复测时间	

7. 工作密封块测量记录

×××发电厂	工作密封块测量记录	修复记录
×号机组		第×次大修

弹簧压紧型的工作密封测量抬升量：使用_____MPa水（气）压，抬升：_____mm。

使用水压的橡胶端面密封按下表测量密封块与转动环间隙：

```
        +Y
         1
    2         8

3 ──────────── 7  +X

    4         6
         5
```

次数 \ 测点	1	2	3	4	5	6	7	8
1								
2								
……								

测量		记录		测量工具	
检修单位班组验收		检修单位部门验收		测量时间	
水电企业班组验收		水电企业部门验收		复测时间	

8. 检修密封至大轴间隙记录

×××发电厂	检修密封至大轴间隙记录	修复记录
×号机组		第×次大修

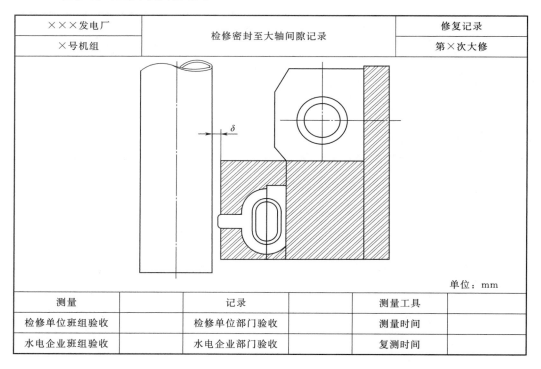

单位：mm

测量		记录		测量工具	
检修单位班组验收		检修单位部门验收		测量时间	
水电企业班组验收		水电企业部门验收		复测时间	

9. 双联臂轴孔间隙测量记录（导叶上/中/下轴孔等）

×××发电厂	双联臂轴孔间隙测量记录（导叶上/中/下轴孔等）	修复记录
×号机组		第×次大修

内侧				外侧			
序号	轴孔	轴	间隙	序号	轴孔	轴	间隙
1				1			
2				2			
3				3			
4				4			
5				5			
6				6			
7				7			
8				8			
……				……			

单位：0.01mm

测量		记录		测量工具	
检修单位班组验收		检修单位部门验收		测量时间	
水电企业班组验收		水电企业部门验收		复测时间	

10. 接力器压紧行程及水平测量记录

×××发电厂	接力器压紧行程及水平测量记录	修复记录
×号机组		第×次大修

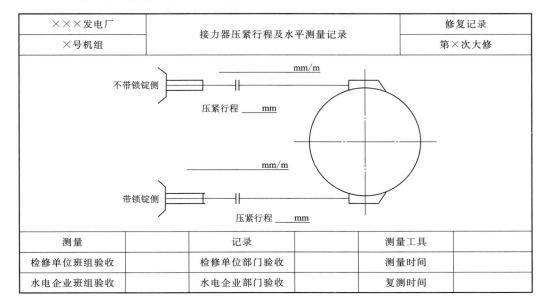

测量		记录		测量工具	
检修单位班组验收		检修单位部门验收		测量时间	
水电企业班组验收		水电企业部门验收		复测时间	

11. 上端轴/转子/水发联轴螺栓拉伸值记录

×××发电厂	上端轴/转子/水发联轴螺栓拉伸值记录	修复记录
×号机组		第×次大修

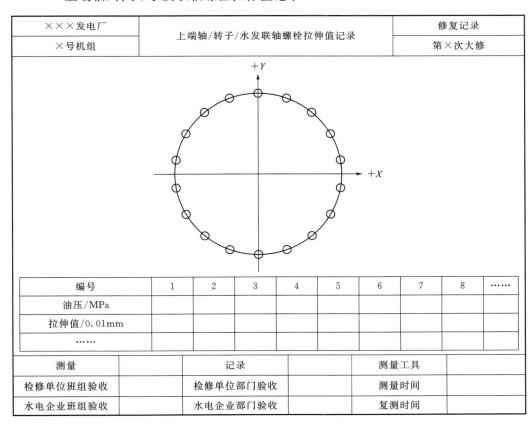

编号	1	2	3	4	5	6	7	8	……
油压/MPa									
拉伸值/0.01mm									
……									

测量		记录		测量工具	
检修单位班组验收		检修单位部门验收		测量时间	
水电企业班组验收		水电企业部门验收		复测时间	

12. 转轮汽蚀面积深度记录

×××发电厂	转轮汽蚀面积深度记录	修复记录
×号机组		第×次大修

单位：mm

×号机转轮汽蚀情况

汽蚀部位＼汽蚀情况＼叶片编号	上冠进水边叶道间（靠近叶片正面根部）		叶片正面		上冠出水边叶道间（靠近叶片背面根部）		叶片背面靠下环处		叶片出水不锈钢补焊层以上部分		叶片出水边下段掉边尺寸		泄水锥入孔出水侧及其他	
	面积	汽蚀深度	面积	汽蚀深度	面积	汽蚀深度	面积	汽蚀深度	面积	汽蚀深度	面积	汽蚀深度	面积	汽蚀深度
1														
……														
说明	转轮叶片和泄水锥入孔编号均按照逆时针方向编号。													

测量		记录		测量工具	
检修单位班组验收		检修单位部门验收		测量时间	
水电企业班组验收		水电企业部门验收		复测时间	

13. 转轮叶片开度汽蚀处理前后测量记录

×××发电厂	转轮叶片开度汽蚀处理前后测量记录									修复记录	
×号机组										第×次大修	

测点 _a_ 叶片编号	1		2		3		4		5	
	处理前	处理后	处理前	处理后	处理前	处理后	处理前	处理后	处理前	处理后
1—2										
2—3										
3—4										
4—5										
5—6										
6—7										
……										

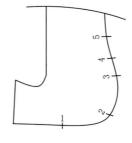

单位：mm

测量		记录		测量工具	
检修单位班组验收		检修单位部门验收		测量时间	
水电企业班组验收		水电企业部门验收		复测时间	

14. 顶盖水平测量记录

×××发电厂	顶盖水平测量记录	修复记录
×号机组		第×次大修

方位	测量记录	方位	测量记录
+X		+Y	
−X		−Y	

注意事项：

1. 在顶盖+X、+Y、−X、−Y方向测量4个点。

2. 销钉打入，螺栓紧固情况下修前及修后顶盖水平在技术规范或厂家说明书范围内。

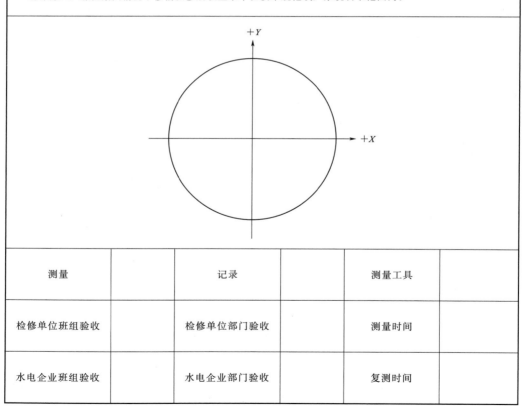

测量		记录		测量工具	
检修单位班组验收		检修单位部门验收		测量时间	
水电企业班组验收		水电企业部门验收		复测时间	

15. 上导瓦绝缘电阻值测量记录

×××发电厂	上导瓦绝缘电阻值测量记录	修复记录
×号机组		第×次大修

上导瓦绝缘电阻值：　　　　　　　　　　　　　　　　　　　　　单位：MΩ

瓦号	电阻值	瓦号	电阻值
1		……	

注：绝缘装置设置在滑转子与大轴之间的结构，测量部位为轴颈。

绝缘垫

测量		记录		测量工具	
检修单位班组验收		检修单位部门验收		测量时间	
水电企业班组验收		水电企业部门验收		复测时间	

16. 上机架千斤顶间隙调整记录（无此结构的无须测量）

×××发电厂	上机架千斤顶间隙调整记录	修复记录
×号机组		第×次大修

测量		记录		测量工具	
检修单位班组验收		检修单位部门验收		测量时间	
水电企业班组验收		水电企业部门验收		复测时间	

17. 上/下机架水平测量记录

×××发电厂	上/下机架水平测量记录	修复记录
×号机组		第×次大修

单位：mm/m

方位	测量记录	方位	测量记录
+X		+Y	
−X		−Y	

注意事项：
1. 在上/下架中心体+X、+Y、−X、−Y方向测量4个点。
2. 销钉打入，螺栓紧固情况下修前及修后机架水平在技术规范或厂家说明书范围内。

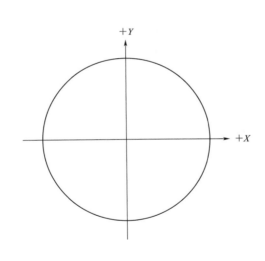

测量		记录		测量工具	
检修单位班组验收		检修单位部门验收		测量时间	
水电企业班组验收		水电企业部门验收		复测时间	

18. 上/下/水导/推力冷却器耐压试验记录

×××发电厂	上/下/水导/推力冷却器耐压试验记录			修复记录	
×号机组				第×次大修	
单台冷却器耐压试验记录					
冷却器号	试验压力/MPa	试验后压力/MPa	试验时间/min	试验结果	备注
1					
……					
冷却器于××月××日装入油槽，于××月××日进行整体耐压试验，试验压力××MPa，历时 30min。 试验结果：					
测量		记录		测量工具	
检修单位班组验收		检修单位部门验收		测量时间	
水电企业班组验收		水电企业部门验收		复测时间	

19. 定子空气冷却器耐压试验记录

×××发电厂	定子空气冷却器耐压试验记录			修复记录	
×号机组				第×次大修	
说明：					
冷却器号	试验压力/MPa	试验后压力/MPa	试验时间/min	试验结果	备注
1					
……					
冷却器于××月××日装入，于××月××日进行整体耐压试验，试验压力××MPa，历时 30min。 试验结果：					
测量		记录		测量工具	
检修单位班组验收		检修单位部门验收		测量时间	
水电企业班组验收		水电企业部门验收		复测时间	

20. 制动器耐压试验记录

×××发电厂	制动器耐压试验记录						修复记录	
×号机组							第×次大修	
说明：								
偏号	高压活塞			低压活塞			试验结果	灵活程度
	压力/MPa	时间/min	压降/MPa	压力/MPa	时间/min	压降/MPa		
1								
……								
说明：活塞试验为 1.25 倍工作压力，30min 内应无渗漏。制动器装回下机架后，于××年××月进行充气试验，排气后活塞恢复情况。								
测量		记录			测量工具			
检修单位班组验收		检修单位部门验收			测量时间			
水电企业班组验收		水电企业部门验收			复测时间			

21. 接力器耐压试验记录

×××发电厂	接力器耐压试验记录				修复记录
×号机组					第×次大修

单台冷却器耐压试验记录

编号	试验压力/MPa	试验后压力/MPa	试验时间/min	试验结果	备注
1					
……					

说明：活塞试验为1.25倍工作压力，30min内应无渗漏。

测量		记录		测量工具	
检修单位班组验收		检修单位部门验收		测量时间	
水电企业班组验收		水电企业部门验收		复测时间	

22. 上端轴/转子/水发联轴螺栓拉伸值记录

×××发电厂	上端轴/转子/水发联轴螺栓拉伸值记录	修复记录
×号机组		第×次大修

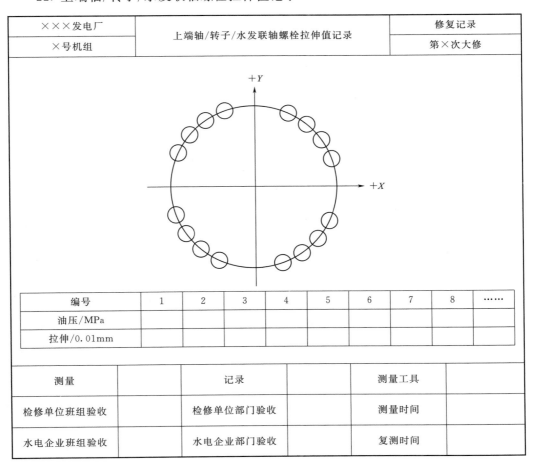

编号	1	2	3	4	5	6	7	8	……
油压/MPa									
拉伸/0.01mm									

测量		记录		测量工具	
检修单位班组验收		检修单位部门验收		测量时间	
水电企业班组验收		水电企业部门验收		复测时间	

23. 上/下/水导/推力油槽盖板与大轴间隙测量记录

×××发电厂	上/下/水导/推力油槽盖板与大轴间隙测量记录	修复记录
×号机组		第×次大修

单位：mm

方位	测量记录	方位	测量记录
+X		+Y	
−X		−Y	

注意事项：

测量		记录		测量工具	
检修单位班组验收		检修单位部门验收		测量时间	
水电企业班组验收		水电企业部门验收		复测时间	

24. 推力瓦厚度（磨损量）测量记录

×××发电厂	推力瓦厚度（磨损量）测量记录	修复记录
×号机组		第×次大修
		单位：0.01mm

瓦号	测点1	测点2	测点3	测点4	测点5	测点6	瓦号	测点1	测点2	测点3	测点4	测点5	测点6
1							4						
2							5						
3							……						

测量		记录		测量工具	
检修单位班组验收		检修单位部门验收		测量时间	
水电企业班组验收		水电企业部门验收		复测时间	

25. 上/下导/推力集油槽与大轴间隙测量记录

×××发电厂	上/下导/推力集油槽与大轴间隙测量记录	修复记录
×号机组		第×次大修

<table>
<tr><td colspan="4" style="text-align:right">单位：mm</td></tr>
<tr><td>方位</td><td>测量记录</td><td>方位</td><td>测量记录</td></tr>
<tr><td>+X</td><td></td><td>+Y</td><td></td></tr>
<tr><td>−X</td><td></td><td>−Y</td><td></td></tr>
</table>

注意事项：

测量		记录		测量工具	
检修单位班组验收		检修单位部门验收		测量时间	
水电企业班组验收		水电企业部门验收		复测时间	

三、电气部分检修数据记录表

1. 定子绕组绝缘电阻测量（热态下/冷态下）记录

定子绕组绝缘电阻测量（热态下/冷态下）记录：
使用设备：绝缘电阻测试仪　　　　设备型号：
设备编号：　　　　　试验电压：×××V　　　　　　　　单位：MΩ

项目	相别	R_{15s}	R_{60s}	R_{600s}	吸收比（标准：≥××）	极化指数（标准：≥××）
试前	A					
	B					
	C					
试后	A					
	B					
	C					
测量			记录		测量工具	
检修单位班组验收			检修单位部门验收		测量时间	
水电企业班组验收			水电企业部门验收		复测时间	

2. 定子绕组泄漏电流和直流耐压（热态下/冷态下）记录

定子绕组泄漏电流和直流耐压（热态下/冷态下）记录：
使用设备：直流高压发生器　　　　设备型号：
设备编号：　　　　　　　　　　　　　　　　　　　单位：μA

加压过程 相别	$0.5U_n$ 60s	$1.0U_n$ 60s	$1.5U_n$ 60s	$2.0U_n$ 60s	试验电压下最大相差/%（标准：≤100%）
A 对 BC 及地					
B 对 AC 及地					
C 对 AB 及地					
测量		记录		测量工具	
检修单位班组验收		检修单位部门验收		测量时间	
水电企业班组验收		水电企业部门验收		复测时间	

3. 定子绕组直流电阻试验（冷态下）记录

定子绕组直流电阻试验（冷态下）记录：
使用设备：变压器直流电阻测试仪　　　　设备型号：
设备编号：　　　　试验电流：　　　A　　　　　　　　单位：MΩ

项目	直流电阻试验			
相别	绕组	试验值	绕组	试验值
A				
B				
C				
最大相差/% （标准：≤1%）				

测量		记录		测量工具	
检修单位班组验收		检修单位部门验收		测量时间	
水电企业班组验收		水电企业部门验收		复测时间	

4. 定子交流耐压试验记录

定子交流耐压试验记录：
使用设备：绝缘电阻测试仪　　　　设备型号：
使用设备：工频谐振耐压装置　　　　设备型号：
设备编号：　　　　试验电压：　　　V

相别	试验前 绝缘/MΩ	试验后 绝缘/MΩ	耐压等级 /kV	耐压时间 /s	结论
A					
B					
C					

测量		记录		测量工具	
检修单位班组验收		检修单位部门验收		测量时间	
水电企业班组验收		水电企业部门验收		复测时间	

5. 定子穿芯螺杆绝缘电阻测量记录

定子穿芯螺杆绝缘电阻测量记录：
使用设备：绝缘电阻测试仪　　　设备型号：　　　设备编号：
试验电压：×××V　　　（标准：≥×××MΩ）　　　　　　　　单位：MΩ

编号	绝缘电阻值	常规处理方式		特殊处理方式					结论
		处理方法	绝缘电阻值	处理方法	紧固前绝缘电阻	紧固后绝缘电阻	拆卸前拉伸值	拆卸后拉伸值	
1									
2									
3									
4									
……									
测量			记录			测量工具			
检修单位班组验收			检修单位部门验收			测量时间			
水电企业班组验收			水电企业部门验收			复测时间			

6. 转子绕组绝缘电阻测量记录

转子绕组绝缘电阻测量记录：
使用设备：绝缘电阻测试仪　　　设备型号：　　　设备编号：
试验电压：××××V　　　　　　　　　　　　　　　　　单位：MΩ

测量时间	转子绕组绝缘 （标准：≥××MΩ）
停机后测量（从转子滑环处）	
转子卫生清扫后绝缘电阻（从转子滑环处）	
交流耐压后	
安装碳刷前	

测量		记录		测量工具	
检修单位班组验收		检修单位部门验收		测量时间	
水电企业班组验收		水电企业部门验收		复测时间	

7. 转子绕组直流电阻测量记录

转子绕组直流电阻测量记录： 使用设备：变压器直流电阻测试仪　　设备型号： 设备编号：　　　　　　　　　　　　　试验电流：×××A　　　　　　　　　　单位：MΩ					
测量时间/部位	转子绕组直流电阻（××℃）	换算至20℃	上次检修时转子绕组直流电阻（××℃）	换算至20℃	本次测量值与上次大修测量值比较/%（标准：≤××%）
停机后测量（从转子引线处）					
测量		记录		测量工具	
检修单位班组验收		检修单位部门验收		测量时间	
水电企业班组验收		水电企业部门验收		复测时间	

8. 转子绕组整体交流耐压试验记录

转子绕组整体交流耐压试验记录： 使用设备：专用交流专用耐压设备　　设备型号： 设备编号：　　　　　　　　　　　　　　　　　　　　　　　　　单位：MΩ					
试验部位	绝缘电阻试验			交流耐压试验	
	耐压前	耐压后	试验电压	试验时间	结论
转子绕组整体					
测量		记录		测量工具	
检修单位班组验收		检修单位部门验收		测量时间	
水电企业班组验收		水电企业部门验收		复测时间	

9. 励磁回路所连接设备绝缘电阻测量记录

励磁回路所连接设备绝缘电阻测量记录： 使用设备：绝缘电阻测试仪　　设备型号： 设备编号：　　　　　　　试验电压：××V　　　　　　　　　单位：MΩ			
	正极		负极
绝缘电阻（标准：≥××××MΩ）			
测量		记录	测量工具
检修单位班组验收		检修单位部门验收	测量时间
水电企业班组验收		水电企业部门验收	复测时间

10. 主变压器绝缘电阻试验记录

主变压器绝缘电阻试验记录：

试验电压：　　　V　　　使用设备：绝缘电阻测试仪

设备型号：　　　　设备编号：　　　　　　　　　　　单位：MΩ

项目	高对低及地				
相别	R_{15s}	R_{60s}	R_{600s}	吸收比 （标准：≥××）	极化指数 （标准：≥××）
A					
B					
C					
项目	低对高及地				
相别	R_{15s}	R_{60s}	R_{600s}	吸收比 （标准：≥××）	极化指数 （标准：≥××）
A					
B					
C					
测量		记录		测量工具	
检修单位班组验收		检修单位部门验收		测量时间	
水电企业班组验收		水电企业部门验收		复测时间	

11. 主变绕组介损试验记录

主变绕组介损试验记录：

高压绕组使用设备：变频抗干扰介质损耗测量仪　　　设备型号：　　　设备编号：

试验电压：××××V　　　试验接线：

低压绕组使用设备：抗干扰介质损耗测量仪　　　设备型号：　　　设备编号：

试验电压：××××V　　　试验接线：　　　　　　　　　　　　　单位：MΩ

项目	高对低及地（带高压电缆）			低对高及地		
相别	A	B	C	A	B	C
实测 tanδ（标准≤××%）						
电容量/pF						
实测 tanδ 与历年比较 （标准：增量不大于 ××%）	与上一次主变预试比较			与上一次主变预试比较		
	A	B	C	A	B	C
测量		记录		测量工具	
检修单位班组验收		检修单位部门验收		测量时间	
水电企业班组验收		水电企业部门验收		复测时间	

12. 主变铁芯绝缘电阻试验记录

主变铁芯绝缘电阻试验记录：						
使用设备：绝缘电阻测试仪		设备型号：				
设备编号：		试验电压：×××V			单位：MΩ	
	绝缘电阻试验					
相别	A 相		B 相		C 相	
绝缘电阻						
测量		记录		测量工具		
检修单位班组验收		检修单位部门验收		测量时间		
水电企业班组验收		水电企业部门验收		复测时间		

13. 主变穿墙套管绝缘电组试验记录

主变穿墙套管绝缘电组试验记录：		
使用设备：绝缘电阻测试仪	设备型号：	
设备编号：	试验电压：×××V	单位：MΩ
	绝缘电阻试验	
相别	一次对末屏及地 试验电压：×××V （标准：≥××××MΩ）	末屏对一次及地 试验电压：×××V （标准：≥××××MΩ）
A 相		
B 相		
C 相		
测量	记录	测量工具
检修单位班组验收	检修单位部门验收	测量时间
水电企业班组验收	水电企业部门验收	复测时间

14. 发电机零起升压试验记录

发电机零起升压试验 ××号发电机升压至××％							
名称	装置显示值						
	A 相电压	A 相相角	B 相电压	B 相相角	C 相电压	C 相相角	结论
发电机保护 A 套							
发电机保护 B 套							
功角测量装置							
励磁 1							
电测仪表							
测量		记录			测量工具		
检修单位班组验收		检修单位部门验收			测量时间		
水电企业班组验收		水电企业部门验收			复测时间		

15. 发变组零起升压试验（带主变）记录

发变组零起升压试验（带主变）记录 ××号发电机升压至××%							
名称	装置显示值						
	A相电压	A相相角	B相电压	B相相角	C相电压	C相相角	结论
发变组故障录波装置							
主变低压侧变送器							
A套低压侧零序电压							
B套低压侧零序电压							
测量		记录		测量工具			
检修单位班组验收		检修单位部门验收		测量时间			
水电企业班组验收		水电企业部门验收		复测时间			

16. PT采样精度记录

PT采样精度				
加量/V	PT$_1$/kV		PT$_2$/kV	
CT采样精度				
加量/A	CT$_1$测量值/kA	有功 P/MW	CT$_2$测量值/kA	有功 P/MW
测量		记录	测量工具	
检修单位班组验收		检修单位部门验收	测量时间	
水电企业班组验收		水电企业部门验收	复测时间	

17. 各部线圈电阻测量记录

<table>
<tr><th colspan="6">各部线圈电阻测量记录</th></tr>
<tr><td>名称</td><td>紧急停机动作
线圈</td><td>紧急停机复归
线圈</td><td>分段关闭动作
线圈</td><td>分段关闭复归
线圈</td><td>事故配压阀电磁阀
动作线圈</td></tr>
<tr><td>标准值</td><td></td><td></td><td></td><td></td><td></td></tr>
<tr><td>测值</td><td></td><td></td><td></td><td></td><td></td></tr>
<tr><td>测量</td><td></td><td colspan="2">记录</td><td colspan="2">测量工具</td></tr>
<tr><td>检修单位班组验收</td><td></td><td colspan="2">检修单位部门验收</td><td colspan="2">测量时间</td></tr>
<tr><td>水电企业班组验收</td><td></td><td colspan="2">水电企业部门验收</td><td colspan="2">复测时间</td></tr>
</table>

18. 油压装置压力开关动作模拟记录

<table>
<tr><th colspan="5">油压装置压力开关动作模拟记录</th></tr>
<tr><td>压力开关</td><td colspan="2">动作值/MPa</td><td colspan="2">返回值/MPa</td></tr>
<tr><td>启主用泵</td><td colspan="2"></td><td colspan="2"></td></tr>
<tr><td>启备用泵</td><td colspan="2"></td><td colspan="2"></td></tr>
<tr><td>停泵</td><td colspan="2"></td><td colspan="2"></td></tr>
<tr><td>压力过高</td><td colspan="2"></td><td colspan="2"></td></tr>
<tr><td>事故低油压</td><td colspan="2"></td><td colspan="2"></td></tr>
<tr><td>测量</td><td></td><td>记录</td><td>测量工具</td><td></td></tr>
<tr><td>检修单位班组验收</td><td></td><td>检修单位部门验收</td><td>测量时间</td><td></td></tr>
<tr><td>水电企业班组验收</td><td></td><td>水电企业部门验收</td><td>复测时间</td><td></td></tr>
</table>

四、机组调试测量记录表

1. 发电机空气间隙测量记录

×××发电厂			发电机空气间隙测量记录						调试记录		
×号机组									第×次大修		
										单位：mm	
极号	$S_上$	$S_下$	极号	$S_上$	$S_下$	极号	$S_上$	$S_下$	极号	$S_上$	$S_下$
1			11			21			31		
2			12			22			32		
3			13			23			33		
4			14			24			34		
5			15			25			35		
6			16			26			36		
7			17			27			37		
8			18			28			38		
9			19			29			39		
10			20			30			40		

上部：平均间隙 $S_{cp}=$ 下部：平均间隙 $S_{cp}=$

上偏率 $=(S_{max}-S_{cp})/S_{cp}=$ 上偏率 $=(S_{max}-S_{cp})/S_{cp}=$

下偏率 $=(S_{min}-S_{cp})/S_{cp}=$ 下偏率 $=(S_{min}-S_{cp})/S_{cp}=$

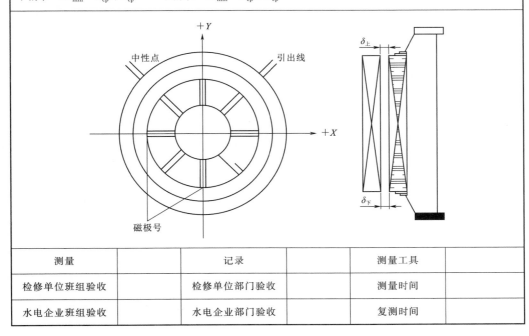

测量		记录		测量工具	
检修单位班组验收		检修单位部门验收		测量时间	
水电企业班组验收		水电企业部门验收		复测时间	

2. 弹性油箱受力/水平调整记录

×××发电厂				弹性油箱受力/水平调整记录						调试记录		
×号机组										第×次大修		

| 弹簧油箱受力调整记录 | | | | | | | | | | | | 单位：0.01mm |

推力瓦号		1	2	3	4	5	6	7	8	9	10	11	12
压缩值	左												
	右												
平均压缩值													
总平均值													
压缩值调整量													
镜板水平调整量													
综合调整量													

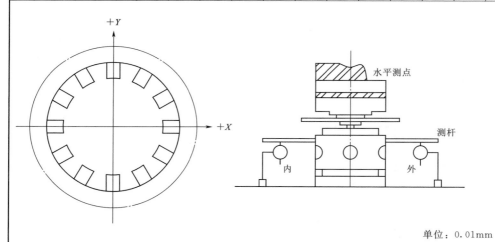

单位：0.01mm

平均总压缩值：$S_{cp}=$

最大压缩与最小压缩值之间：$S_{max}-S_{min}=$

注：最大压缩值与最小压缩值之差应不大于0.20mm。

测量		记录		测量工具	
检修单位班组验收		检修单位部门验收		测量时间	
水电企业班组验收		水电企业部门验收		复测时间	

3. 水轮机上下迷宫环间隙记录

×××发电厂	水轮机上下迷宫环间隙记录	调试记录
×号机组		第×次大修

测量		记录		测量工具	
检修单位班组验收		检修单位部门验收		测量时间	
水电企业班组验收		水电企业部门验收		复测时间	

4. 水导挡油环与轴颈间隙记录

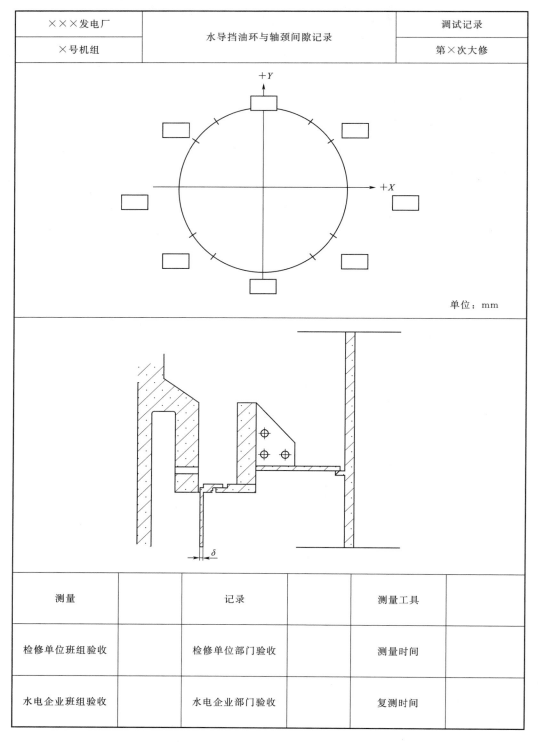

×××发电厂	水导挡油环与轴颈间隙记录		调试记录
×号机组			第×次大修

测量		记录		测量工具	
检修单位班组验收		检修单位部门验收		测量时间	
水电企业班组验收		水电企业部门验收		复测时间	

附件十一　设备试运行申请单（范本）

设备名称		设备编号	
申请单位		负责人签字	
检修总指挥意见		检修总指挥签字	
启动试验时间	开始时间：××××年××月××日××时××分		
	结束时间：××××年××月××日××时××分		
专业意见	电气专业		
		专业负责人签字：	××××年××月××日
	机械专业		
		专业负责人签字：	××××年××月××日
值班负责人意见	值班负责人签字：		××××年××月××日

附件十二　设备异动申请及报告（范本）

×××发电厂设备异动申请书

异动设备名称		异动计划工期	
设备异动原因 （附图及相关文字说明）			
设备异动预计效果 （附图及相关文字说明）			
申请部门意见			
生产技术部意见			
分管厂领导批准意见			

×××发电厂设备异动报告（执行通知单）

异动设备名称		异动执行工期	
设备异动原因 （附图及相关文字说明）			
设备异动的执行方案 （包括方案、图纸）			
设备异动后的操作 步骤及注意事项			
培训情况			
实施部门意见			
使用部门意见			
生产技术部意见			
分管厂领导批准意见			

附件十三　不符合项记录表（范本）

不符合项报告名称			
报告编号			
设备名称		设备编号	
检修单位		设备管理部门	
不符合事实描述 工作负责人签字：　　　　　　　　　　　　　　　　　　　　　　　　×××× 年 ×× 月 ×× 日			
检修组意见： 　　　　　签字：　　　　　　　　　　　　　　　　　　　　　　　　　×××× 年 ×× 月 ×× 日			
质量监督保障组意见： 　　　　　签字：　　　　　　　　　　　　　　　　　　　　　　　　　×××× 年 ×× 月 ×× 日			
检修指挥部意见： 　　　　　签字：　　　　　　　　　　　　　　　　　　　　　　　　　×××× 年 ×× 月 ×× 日			
不符合项关闭 　　　　　批准签字：　　　　　　　　　　　　　　　　　　　　　　　　×××× 年 ×× 月 ×× 日			

附件十四 外包工程项目安全技术交底记录（范本）

外包工程安全技术交底记录

交底时间：××××年××月××日

项目所在部门		检修单位名称	
工程名称			
一、整体安全技术交底 1. 要求：工程开工前，项目所在部门负责人和工程技术人员应对检修单位负责人和技术人员进行检修项目的整体安全技术交底，检修单位负责人必须向全体检修人员交代清楚。 2. 交底内容：			
二、专项安全技术交底 1. 要求：检修现场及附近存在以下主要危险因素和有害物质，如可能发生火灾、爆炸、触电、高空坠落、中毒、窒息、机械伤害、烧烫伤等容易引起人身伤害和设备事故的场所及大型起吊作业等危险项目，项目所在部门需向检修单位负责人交代清楚，检修单位负责人必须向全体检修人员交代清楚。 2. 交底内容： （1）检修现场及附近存在的主要危险因素和有害物质： （2）防范措施： （3）应急措施：			
三、参加交底人员（签字）： 项目所在部门负责人：　　　　　　　　项目所在部门专业技术人员： 检修单位负责人：　　　　　　　　　　检修单位专业技术人员： 检修单位全体检修人员： 			

说明：1. 本表一式四份，安全监督部门、项目管理部门、项目所在部门、检修单位各执一份。

2. 办理开工审查表时，项目所在部门安排的监护人必须持交底内容完整、签字齐全的安全技术交底记录。

附件十五　外包工程项目正式开工审查表（范本）

外包工程正式开工审查表

项目所在部门		检修单位	
合同编号		工程名称	
工程施工地点			
工程施工内容			

甲方工地代表：	乙方工地代表：	乙方工地安全员：

本工程已具备开工条件，拟定于××××年××月××日开工

项目所在部门：

1. 是否进行了安全技术交底　　是□否□
2. 施工组织措施是否编制　　是□否□
3. 现场监护人是否明确　　是□否□
4. 是否进行了安全培训　　是□否□
5. 是否同意开工　　是□否□
6. 其他

项目所在部门专业技术人员签字：　　　　　　　　　　××××年××月××日

项目管理部门：

1. 技术协议是否签订　　是□否□
2. 施工技术措施是否编制　　是□否□
3. 合同是否签订　　是□否□
4. 安全管理协议是否签订　　是□否□
5. 是否同意开工　　是□否□
6. 其他

项目管理部门专业技术人员签字：　　　　　　　　　　××××年××月××日
项目管理部门工程管理人员签字：　　　　　　　　　　××××年××月××日

安全环保部门：

1. 安全施工措施是否编制　　是□否□
2. 安全风险抵押金是否缴纳　　是□否□
3. 安全教育是否已进行　　是□否□
4. 工器具是否已进行安全检查　　是□否□
5. 是否同意开工　　是□否□
6. 有安全技术交底记录　　是□否□

安全环保部门签字：

××××年××月××日

工程开工批准：

1. 是否批准开工是□否□
2. 其他

分管领导签字：　　　　　　　　　　　　　　　　　××××年××月××日

说明：本表一式四份，安全监督部门、生产技术部门、项目所在部门、检修单位各执一份。

附件十六 检修作业风险分级管控（范本）

			×××发电厂×号机×修风险分级管控清单（机械）			
序号	作业活动名称	工作步骤及工作内容	主要危险有害因素（包括人、物、环、管因素）	风险等级	现有安全控制措施（包括工程、管理、个体防护、应急等措施）	管控主体
1	转轮及主轴检修	1. 检修工作准备，包括人员准备、器具准备等。 2. 开展危险点分析，制订预控措施。 3. 布置安全措施，措施如下：做好与运行机组的隔离，按电力安全工作规程（水力机械部分）和运行规程做好安全措施。 4. 搭设转轮检修尾水平台及验收。 5. 大轴螺丝拆卸。 6. 转轮探伤、汽蚀、裂纹检查、处理及验收。 7. 泄水锥检查及验收。 8. 主轴和转轮吊出基坑、止漏环检查处理及验收，主轴和转轮吊回基坑。 9. 大轴螺丝连接、打拉升值、验收。 10. 拆卸转轮检修尾水平台	人员方面： 1. 精神状态不佳，专业水平不够。 2. 使用不合格的安全工器具和劳动防护用品。 3. 错误使用安全工器具和劳动防护用具 设备方面： 1. 检查泄水锥检查、修补汽蚀部分发生碰撞伤人、触电、烫伤，检修平台坍塌。 2. 主轴和转轮吊装：安装吊具发生落物伤人、高空坠落、所吊物件和其他设备发生碰撞。 3. 打大轴螺丝时，高油压伤人 环境方面： 1. 主轴与转轮吊装：水车室湿滑造成摔伤。 2. 照明不足 管理方面： 1. 作业人员对岗位安全职责不明、作业危险因素不清楚。 2. 监护人员离岗	较大风险	1. 每天开工前，观察作业人员精神状态，合理安排人员进行检修作业，交代检修工艺流程和质量要求。 2. 对安全工器具使用前要进行检查，检查是否检验合格，劳动防护用品是否满足该检修作业需要 1. 具有资质的人员搭设检修平台，并经过安检人员验收合格方可使用，每天开工前工作负责人对平台检查，确定牢固，方可工作，作业班成员必须按规定佩戴安全帽，系好安全带；使用电动工器具前进行检查，使用合格的电动工器具。 2. 安装吊具的作业人员必须系好安全带，所用工机具做好防止掉落的措施，吊装过程中严密监视所吊物件的行进路线，行进路线无障碍物。 3. 打大轴螺丝时，正确使用拉升器，检查油管路接头是否完好 1. 进入水车室的作业人员做好防止跌滑措施。 2. 携带临时照明用具，保证照明充足 1. 每天工作前工作负责人交代工作任务，交代工艺流程和质量要求，交代安全注意事项；项目部技术负责人、安全负责人不定时对工作检查，及时发现问题立即整改。 2. 作业过程中监护人禁止离开工作现场，监护人不在工作现场监护时，作业人员严禁私自进行作业	职能部门

续表

序号	作业活动名称	工作步骤及工作内容	主要危险有害因素（包括人、物、环、管因素）	风险等级	现有安全控制措施（包括工程、管理、个体防护、应急等措施）	管控主体
2	水导轴承检修	1. 检修工作准备，包括人员准备、器具准备等。 2. 开展危险点分析，制定预控措施。 3. 布置安全措施，措施如下：做好与运行机组的隔离，按电力安全工作规程（水力机械部分）和运行规程做好安全措施。 4. 检修密封拆卸、检修、装复、试验及验收。 5. 工作密封拆卸、检修、装复、试验及验收。 6. 水导轴承拆卸、检修、油槽底板渗漏试验、冷却水耐压试验、盘车定中心、挡油环间隙测量、水导瓦间隙调整、装复及验收。 7. 除锈、刷漆	人员方面： 1. 精神状态不佳，专业水平不够。 2. 使用不合格的安全工器具和劳动防护用品。 3. 错误使用安全工器具和劳动防护用具	一般风险	1. 每天开工前，观察作业人员精神状态，合理安排人员进行检修作业，交代检修工艺流程和质量要求。 2. 对安全工器具使用前要进行检查，检查是否检验合格，劳动防护用品是否满足该检修作业需要	班组负责人
			设备方面： 1. 水导油槽排、注油：错误排、注到其他运行机组。 2. 油处理过程中跑油、滤油机故障造成人身伤害。 3. 拆装过程中，机械伤害。 4. 起吊瓦架时，高处坠落		1. 派两名丰富经验的作业人员操作，操作前认真核对阀门编号，确认无误方可开始排、注油。 2. 滤油过程作业人员不能离开现场，滤油前检查滤油机是否完好。 3. 拆装过程中，正确使用安全工器具，正确使用安全带，严格按照工艺流程操作，保证人身设备安全，保证检修质量。 4. 起吊瓦架时，高空作业系好安全带	
			环境方面： 1. 水车室空间狭小、湿滑。 2. 照明不能满足要求。 3. 电焊作业发生触电。 4. 火焊引发火灾		1. 合理安排作业人员，避免交叉作业，做好防跌滑的措施。 2. 准备好临时照明手电筒。 3. 电焊作业按潮湿环境焊接要求采取措施，电焊线绝缘完好，焊机必须装有可靠的保护措施开具动火作业票，配备足够的灭火器，作业完成检查是否有遗留火种，专人监护	
			管理方面： 1. 班组负责人交代工作任务，忽略交代安全注意事项及质量要求，作业人员盲目作业。 2. 监护人员离岗		1. 交代工作任务的同时，必须要求安全事项和质量要求，项目部安全、技术负责人随时检查，纠正作业中的问题。 2. 作业过程中监护人禁止离开工作现场，监护人不在工作现场监护时，作业人员严禁私自进行作业	

续表

序号	作业活动名称	工作步骤及工作内容	主要危险有害因素（包括人、物、环、管因素）	风险等级	现有安全控制措施（包括工程、管理、个体防护、应急等措施）	管控主体
3	导水机构	1.检修工作准备，包括人员准备、器具准备等。2.开展危险点分析，制定预控措施。3.布置安全措施，措施如下：做好与运行机组的隔离，按电力安全工作规程（水力机械部分）和运行规程做好安全措施。4.接力器、控制环、双连板、拐臂、抗浮块、套筒、减压管、测压管、顶盖螺丝、顶盖、活动导叶、端面密封拆卸、检修、数据测量、验收、装复、再验收。5.端立面间隙测量调整验收、压紧行程测量调整验收、抗浮块间隙测量调整验收、接力器耐压试验验收、接力器水平调整验收、顶盖水平测量验收。6.各处汽蚀处理、密封更换、除锈、刷漆	人员方面：1.精神状态不佳，专业水平不够。2.使用不合格的安全工器具和劳动防护用品。3.错误使用安全工器具和劳动防护用具	一般风险	1.每天开工前，观察作业人员精神状态，合理安排人员进行检修作业，交代检修工艺流程和质量要求。2.对安全工器具使用前要进行检查，检查是否检验合格，劳动防护用品是否满足该检修作业需要	班组负责人
			设备方面：1.顶盖、接力器、导叶等部件拆装发生机械伤人、物体打击、起重伤害。接力器耐压试验时油压伤人。2.修复过程除锈刷漆、电火焊发生触电、火灾。3.导叶端、立面间隙测量、调整发生人身伤害		1.禁止歪拉斜吊，工器具有序摆放，做好落物伤人措施，尤其是接力器吊装，起吊方式正确，高空、临边必须系好安全带，禁止在起重作业下进行工作逗留。2.除锈做好防尘措施、刷漆作业劳动保护正确、开具动火作业票。3.有专人监护，测量人员身体任何部位不得在两导叶之间，测量人员不得站在拐臂、调速环等转动件上，不能误动调速器，调速器切至"手动"，断掉和调速器动作有关的所有电气回路	
			环境方面：水车室地面湿滑		进入水车室做好防滑措施	
			管理方面：1.班组负责人交代工作任务，忽略交代安全注意事项及质量要求，作业人员盲目作业。2.监护人员离岗		1.交代工作任务的同时，必须要求安全事项和质量要求，项目部安全、技术负责人随时检查，纠正作业中的问题。2.作业过程中监护人禁止离开工作现场，监护人不在工作现场监护时，作业人员严禁私自进行作业	

续表

序号	作业活动名称	工作步骤及工作内容	主要危险有害因素（包括人、物、环、管因素）	风险等级	现有安全控制措施（包括工程、管理、个体防护、应急等措施）	管控主体
4	调速器及压油系统检修	1. 检修工作准备，包括人员准备、器具准备等。 2. 开展危险点分析，制定预控措施。 3. 布置安全措施，措施如下：做好与运行机组的隔离，按电力安全工作规程（水力机械部分）和运行规程做好安全措施。 4. 调速器解体、检修、数据测量、装复、验收。 5. 压油罐清扫检查、安全阀校验、集油箱、漏油箱清扫、组合阀安全阀调整，开关机时间调整、验收。 6. 机械过速检修。 7. 各处漏点处理、密封更换、除锈、刷漆	人员方面： 1. 精神状态不佳，专业水平不够。 2. 使用不合格的安全工器具和劳动防护用品。 3. 错误使用安全工器具和劳动防护用具	一般风险	1. 每天开工前，观察作业人员精神状态，合理安排人员进行检修作业，交代检修工艺流程和质量要求。 2. 对安全工器具使用前要进行检查，检查是否检验合格，劳动防护用品是否满足该检修作业需要	班组负责人
			设备方面： 1. 压油罐等检修时油压伤人。 2. 各处漏点处理、密封更换时机械伤害、高处坠落		1. 压油罐等检修时确保压油罐压力为零再打开进人门。 2. 各处漏点处理、密封更换时高处作业系好安全带	
			环境方面： 1. 压油罐、集油箱、漏油箱卫生清扫缺氧造成人身伤害、中毒和窒息。 2. 动火作业、发生火灾、触电		1. 检测含氧量，在清扫过程中专人监护。 2. 动火作业办理工作票、做好安全措施、电动工器具正确使用，使用合格电动工器具	
			管理方面： 1. 班组负责人交代工作任务，忽略交代安全注意事项及质量要求。 2. 监护人员离岗		1. 交代工作任务的同时，必须要求安全事项和质量要求，项目部安全、技术负责人随时检查，纠正作业中的问题。 2. 作业过程中监护人禁止离开工作现场，监护人不在工作现场监护时，作业人员严禁私自进行作业	

续表

序号	作业活动名称	工作步骤及工作内容	主要危险有害因素（包括人、物、环、管因素）	风险等级	现有安全控制措施（包括工程、管理、个体防护、应急等措施）	管控主体
5	蜗壳、尾水管检修	1. 检修工作准备，包括人员准备、器具准备等。 2. 开展危险点分析，制定预控措施。 3. 布置安全措施，措施如下：做好与运行机组的隔离，按电力安全工作规程（水力机械部分）和运行规程做好安全措施。 4. 蜗壳门打开、检查蜗壳汽蚀、裂纹等处理，伸缩节检查，蜗壳排水阀检查处理。 5. 尾水门打开，尾水管气蚀、裂纹等检查处理；尾水排水阀检查处理。 6. 关蜗壳排水阀、尾水排水阀，无渗漏。 7. 关蜗壳门、尾水门，无渗漏	人员方面： 1. 精神状态不佳，专业水平不够。 2. 使用不合格的安全工器具和劳动防护用品。 3. 错误使用安全工器具和劳动防护用具	一般风险	1. 每天开工前，观察作业人员精神状态，合理安排人员进行检修作业，交代检修工艺流程和质量要求。 2. 对安全工器具使用前要进行检查，检查是否检验合格，劳动防护用品是否满足该检修作业需要	班组负责人
			设备方面： 1. 尾水放空阀拦污栅检查处理发生高空坠落。 2. 除锈、裂纹处理时、触电		1. 下、上尾水管工具（软梯）使用前检查质量、固定点牢固，作业人员佩戴安全带，做好防止坠落措施，备足照明用具（手电）。 2. 正确使用合格的电动工器具	
			环境方面： 1. 湿滑造成人员跌倒。 2. 坐环，固定导叶、蜗壳局部探伤临边、高处作业发生人员坠落。 3. 蜗壳、压力钢管防腐发生窒息		1. 做好防跌滑的措施，备足照明（手电筒）。 2. 临边、高处作业系好安全带。 3. 专人监护、正确佩戴劳动防护用品，检测含氧量	
			管理方面： 1. 班组负责人交代工作任务，预约交代安全注意事项及质量要求。 2. 监护人员离岗		1. 交代工作任务的同时，必须要求安全事项和质量要求，项目部安全、技术负责人随时检查，纠正作业中的问题。 2. 作业过程中监护人禁止离开工作现场，监护人不在工作现场监护时，作业人员严禁私自进行作业	

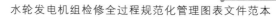

序号	作业活动名称	工作步骤及工作内容	主要危险有害因素（包括人、物、环、管因素）	风险等级	现有安全控制措施（包括工程、管理、个体防护、应急等措施）	管控主体
6	技术供排水系统检修	1. 检修工作准备，包括人员准备、器具准备等。 2. 开展危险点分析，制定预控措施。 3. 布置安全措施，措施如下：做好与运行机组的隔离，按电力安全工作规程（水力机械部分）和运行规程做好安全措施。 4. 阀门更换、密封更换、管路改造。 5. 除锈、刷漆	人员方面： 1. 精神状态不佳，专业水平不够。 2. 使用不合格的安全工器具和劳动防护用品。 3. 错误使用安全工器具和劳动防护用具	低风险	1. 每天开工前，观察作业人员精神状态，合理安排人员进行检修作业，交代检修工艺流程和质量要求。 2. 对安全工器具使用前要进行检查，检查是否检验合格，劳动防护用品是否满足该检修作业需要	班组负责人
			设备方面： 滤水器检修发生机械伤害、高处坠落		按标准搭设脚手架，经验收合格后方可使用；在脚手架上作业必须佩戴安全带	
			环境方面： 地面湿滑造成人员跌倒		清扫地面积水，做好防滑措施	
			管理方面： 1. 班组负责人交代工作任务，预约交代安全注意事项及质量要求。 2. 监护人员离岗		1. 交代工作任务的同时，必须要求安全事项和质量要求，项目部安全、技术负责人随时检查，纠正作业中的问题。 2. 作业过程中监护人禁止离开工作现场，监护人不在工作现场监护时，作业人员严禁私自进行作业	

续表

序号	作业活动名称	工作步骤及工作内容	主要危险有害因素（包括人、物、环、管因素）	风险等级	现有安全控制措施（包括工程、管理、个体防护、应急等措施）	管控主体
7	发电机定子检修	1. 预试工作准备，包括人员准备、器具准备等。 2. 开展危险点分析，制定预控措施。 3. 布置安全措施，措施如下：做好与运行机组的隔离，按电力安全工作规程（水力机械部分）和运行规程做好安全措施。 4. 用敲击扳手检查基础螺栓有无松动。 5. 搭设定子检修平台，用白纱布和清洗剂对定子进行卫生清扫。 6. 用气动喷枪对定子进行全面喷漆	人员方面： 1. 精神状态不佳，专业水平不够。 2. 使用不合格的安全工器具和劳动防护用品。 3. 错误使用安全工器具和劳动防护用具	较大风险	1. 每天开工前，观察作业人员精神状态，合理安排人员进行检修作业，交代检修工艺流程和质量要求。 2. 对安全工器具使用前要进行检查，检查是否检验合格，劳动防护用品是否满足该检修作业需要	职能部门
			设备方面： 1. 转子清扫检查发生高处、临边坠落。 2. 在转子上面孔洞坠落。 3. 作业人员在转子上部损坏磁极绝缘发生火灾		1. 具有资质的人员搭设检修平台，并经过安检人员验收合格方可使用，每天开工前工作负责人对平台检查，确定牢固，方可工作，作业班成员必须按规定佩戴安全帽，系好安全带；脚手架管的搬运必须两人抬运。 2. 作业过程设专人监护，必须系好安全带，使用劳动防护用品。 3. 如有交叉作业，相互沟通，尽量停止一个工作面。 4. 作业人员严禁穿带钉子的鞋，严禁踩踏定子上端部线棒	
			环境方面： 定子清洗溶剂造成风洞污染		用塑料布对下风洞地面进行保护	
			管理方面： 作业人员对岗位安全职责不明、作业危险因素不清楚		每天工作前工作负责人交代工作任务，交代工艺流程和质量要求，交代安全注意事项；项目部技术负责人、安全负责人不定时对工作检查，及时发现问题立即整改	

续表

序号	作业活动名称	工作步骤及工作内容	主要危险有害因素（包括人、物、环、管因素）	风险等级	现有安全控制措施（包括工程、管理、个体防护、应急等措施）	管控主体
8	发电机转子及主轴检修	1. 预试工作准备，包括人员准备、器具准备等。 2. 开展危险点分析，制定预控措施。 3. 布置安全措施，措施如下：做好与运行机组的隔离，按电力安全工作规程（水力机械部分）和运行规程做好安全措施。 4. 转子中心体检查处理。 5. 转子磁轭、压紧螺栓检查、处理。 6. 转子卫生清扫，搭设检修平台，用破布及煤油清扫转子卫生。 7. 用气动喷枪对转子进行全面喷漆（9103红瓷漆）	人员方面： 1. 精神状态不佳，专业水平不够。 2. 使用不合格的安全工器具和劳动防护用品。 3. 错误使用安全工器具和劳动防护用具	较大风险	1. 每天开工前，观察作业人员精神状态，合理安排人员进行检修作业，交代检修工艺流程和质量要求。 2. 对安全工器具使用前要进行检查，检查是否检验合格，劳动防护用品是否满足该检修作业需要	职能部门
			设备方面： 1. 转子清扫检查发生高处、临边坠落。 2. 在转子上面孔洞坠落。 3. 作业人员在转子上部损坏磁极绝缘。 4. 发生火灾		1. 在平台上作业人员必须系好安全带，在转子上临边作业系好安全带。 2. 将转子上部中心体孔洞用专用盖板遮盖牢固。 3. 禁止作业人员穿带钉子的鞋，严禁踩踏磁极线圈。 4. 转子在用清洗剂清洗过程中，转子周围严禁有动火作业	
			环境方面： 1. 转子制动板检查（制动环离地面高度低），发生碰撞造成人身伤害。 2. 清洗时地面污染		1. 必须戴好安全帽。 2. 对转子磁极下方地面用塑料布保护	
			管理方面： 班组负责人交代工作任务，忽略交代安全注意事项及质量要求，作业人员盲目作业		交代工作任务的同时，必须要求安全事项和质量要求，项目部安全、技术负责人随时检查，纠正作业中的问题	

序号	作业活动名称	工作步骤及工作内容	主要危险有害因素（包括人、物、环、管因素）	风险等级	现有安全控制措施（包括工程、管理、个体防护、应急等措施）	管控主体
9	推力、上导、下导轴承检修	1. 预试工作准备，包括人员准备、器具准备等。 2. 开展危险点分析，制定预控措施。 3. 导轴承解体，导轴承内透平油已排尽。 4. 对瓦进行检查修刮。 5. 油位计、接触式密封、呼吸器等轴承附件检查。 6. 绝缘垫检查。 7. 导轴承内部清洗及各部分防腐处理	人员方面： 1. 精神状态不佳，专业水平不够。 2. 使用不合格的安全工器具和劳动防护用品。 3. 错误使用安全工器具和劳动防护用具	低风险	1. 每天开工前，观察作业人员精神状态，合理安排人员进行检修作业，交代检修工艺流程和质量要求。 2. 对安全工器具使用前要进行检查，检查是否检验合格，劳动防护用品是否满足该检修作业需要	班组负责人
			设备方面： 伤瓦		安排业务较强的人员对瓦进行检查和修刮	
			环境方面： 湿滑		进入油槽做好防滑措施	
			管理方面： 班组负责人交代工作任务，忽略交代安全注意事项及质量要求，作业人员盲目作业		交代工作任务的同时，必须要求安全事项和质量要求，项目部安全、技术负责人随时检查，纠正作业中的问题	
10	制动系统检修	1. 预试工作准备，包括人员准备、器具准备等。 2. 开展危险点分析，制定预控措施。 3. 布置安全措施，措施如下：做好与运行机组的隔离，按电力安全工作规程（水力机械部分）和运行规程做好安全措施。 4. 转子起吊前，用钢板尺测量制动器基础板与制动环板之间的距离并记录。 5. 制动器闸板检查、更换。 6. 对单个制动器进行分解、检查、耐压试验。 7. 对吸尘装置进行检查、试验	人员方面： 1. 精神状态不佳，专业水平不够。 2. 使用不合格的安全工器具和劳动防护用品。 3. 错误使用安全工器具和劳动防护用具	低风险	1. 每天开工前，观察作业人员精神状态，合理安排人员进行检修作业，交代检修工艺流程和质量要求。 2. 对安全工器具使用前要进行检查，检查是否检验合格，劳动防护用品是否满足该检修作业需要	班组负责人
			设备方面： 风闸试验造成伤害		风闸试压时，严禁将手伸入闸板与制动环之间	
			环境方面： 解体漏油地面湿滑		做好防滑和地面保护	
			管理方面： 班组负责人交代工作任务，预约交代安全注意事项及质量要求		交代工作任务的同时，必须要求安全事项和质量要求，项目部安全、技术负责人随时检查，纠正作业中的问题	

续表

序号	作业活动名称	工作步骤及工作内容	主要危险有害因素（包括人、物、环、管因素）	风险等级	现有安全控制措施（包括工程、管理、个体防护、应急等措施）	管控主体
11	上、下机架检修	1. 预试工作准备，包括人员准备、器具准备等。 2. 开展危险点分析，制定预控措施。 3. 布置安全措施，措施如下：做好与运行机组的隔离，按电力安全工作规程（水力机械部分）和运行规程做好安全措施。 4. 吊出上、下机架，用破布和煤油对机架进行清扫。 5. 检查各焊接部位是否存在开焊或裂缝。 6. 各项工作检查完成后，对锈蚀部分进行除锈处理，机架主体涂刷面漆，局部按设备原有颜色进行涂刷	人员方面： 1. 精神状态不佳，专业水平不够。 2. 使用不合格的安全工器具和劳动防护用品。 3. 错误使用安全工器具和劳动防护用具	较大风险	1. 每天开工前，观察作业人员精神状态，合理安排人员进行检修作业，交代检修工艺流程和质量要求。 2. 对安全工器具使用前要进行检查，检查是否检验合格，劳动防护用品是否满足该检修作业需要	职能部门
			设备方面： 高处作业，坠落		系好安全带	
			环境方面： 清洗机架的煤油		做好废弃煤油的回收	
			管理方面： 班组负责人交代工作任务，忽略交代安全注意事项及质量要求，作业人员盲目作业		交代工作任务的同时，必须要求安全事项和质量要求，项目部安全、技术负责人随时检查，纠正作业中的问题	
12	空气冷却系统	1. 预试工作准备，包括人员准备、器具准备等。 2. 开展危险点分析，制定预控措施。 3. 布置安全措施，措施如下：做好与运行机组的隔离，按电力安全工作规程（水力机械部分）和运行规程做好安全措施。 4. 拆除进排水管，吊出空气冷却器。 5. 拆除端盖，对空气冷却器内铜管进行清洗。 6. 装复后进行耐压试验	人员方面： 1. 精神状态不佳，专业水平不够。 2. 使用不合格的安全工器具和劳动防护用品。 3. 错误使用安全工器具和劳动防护用具	低风险	1. 每天开工前，观察作业人员精神状态，合理安排人员进行检修作业，交代检修工艺流程和质量要求。 2. 对安全工器具使用前要进行检查，检查是否检验合格，劳动防护用品是否满足该检修作业需要	班组负责人
			设备方面： 打压试验伤人		打压专人监护，严禁超压	
			环境方面： 湿滑		做好防滑措施	
			管理方面： 1. 班组负责人交代工作任务，忽略交代安全注意事项及质量要求，作业人员盲目作业。 2. 操作人员对岗位安全职责不明、作业危险因素不清楚		1. 交代工作任务的同时，必须要求安全事项和质量要求，项目部安全、技术负责人随时检查，纠正作业中的问题。 2. 每天工作前班长交代工作任务，交代工艺流程和质量要求，交代安全注意事项；班长、安全负责人不定时对工作检查，及时发现问题立即整改	

续表

序号	作业活动名称	工作步骤及工作内容	主要危险有害因素（包括人、物、环、管因素）	风险等级	现有安全控制措施（包括工程、管理、个体防护、应急等措施）	管控主体
13	定子平台脚手架搭设，拆除	放线→摆放扫地杆→逐根竖立杆放垫木→随即与扫地杆扣紧→装扫地小横杆或大横杆与竖杆扣紧→安第一步大横杆→安第一步小横杆→安第二步大横杆→安第二步小横杆→架设临时斜横杆→安第三步大小横杆→安立杆连接件→架设剪刀撑、铺脚手板、张挂安全网→验收使用	人员方面： 1. 搭设脚手架需持有架子工证（专业班组未配备该专业人员）。 2. 脚手架搭设和拆除过程中作业人员疏忽大意导致的高处坠落。 3. 脚手架作业人员行为不规范导致的架体坍塌 设备方面： 发电机风洞平台层有除尘设备及其他设备，上方为定子 环境方面： 1. 风洞层于水机层相连，离水机层落地高度为5~7m，搭设高度一般为8m。 2. 搭设脚手架时，有其他交叉作业产生（主要是起重吊装作业） 管理方面： 1. 建立由项目经理、施工员、安全员、搭设技术员组成的管理机构，搭设负责人负有指挥、调配、检查的直接责任。 2. 进行分段验收和检查，发现有不符合要求的应迅速整改，并追究责任	一般风险	1. 安排精神状态良好、具有相应作业资格的人员进行作业，严格执行操作规程。 2. 技术人员在脚手架搭设、拆除前必须给作业人员下达安全技术交底，并传达至所有操作人员。 3. 在架上施工的各工种作业人员应注意自身安全，不得随意向下、向外抛、掉物品，不得随意拆除安全防护装置 进入发电机风洞层，首先做好地面防滑措施 1. 架子搭设到6m高度时由架子搭设单位进行自检；架子搭设完毕后由搭设单位会同使用单位对整个脚手架进行验收检查，验收合格后方可投入使用。 2. 在架子上施工，不得随意向下、向外抛、掉物品，不得随意拆除安全防护装置 1. 脚手架必须由持有效上岗证的专业技术人员搭设。 2. 外脚手架的搭设和拆除，均应有项目技术负责人的认可，方可进行施工作业，并必须配备有足够的辅助人员和必要的工具	班组负责人

序号	作业活动名称	工作步骤及工作内容	主要危险有害因素（包括人、物、环、管因素）	风险等级	现有安全控制措施（包括工程、管理、个体防护、应急等措施）	管控主体
14	机组检修动火	电焊作业：电源线的搭接，焊机外壳良好接地。气割作业：氧气瓶、乙炔瓶的布置，气管及压力表等装设	人员方面： 1. 无证作业。 2. 作业人员精神状态不佳	一般风险	安排精神状态良好、具有相应作业资格的人员进行作业，严格执行操作规程	班组负责人
			设备方面： 电源线路、焊把线绝缘老化；氧气管、乙炔管老化		检查线路绝缘良好，气管无老化现象	
			环境方面： 工作地点周围存在易燃物		确认动火作业地点周边无易燃物，如有要清除，动火作业有专人监护	
			管理方面： 无票作业		动火作业必须根据要求开具动火作业工作票	
15	起重作业	吊具准备与检查，吊具安装，起吊前试验，起吊行走及就位	人员方面： 1. 无证作业。 2. 作业人员精神状态不佳。 3. 监护不到位	一般风险	安排精神状态良好、具有相应作业资格的人员进行作业，严格执行操作规程	班组负责人
			设备方面： 1. 吊具不合格，破损有缺陷；吊具与吊物不匹配。 2. 桥机故障		工作前检查桥机动作灵活，制动系统可靠	
			环境方面： 1. 受限空间。 2. 光线不明。 3. 噪声过大		确认起吊作业地点不得有无关人员，起吊作业有专人监护，照明充足，无较大干扰噪声	
			管理方面： 指挥不明，大件吊装未编写专项方案并审批		明确指挥人员，大件吊装有施工方案	

续表

序号	作业活动名称	工作步骤及工作内容	主要危险有害因素（包括人、物、环、管因素）	风险等级	现有安全控制措施（包括工程、管理、个体防护、应急等措施）	管控主体
16	××kV机组主变预防性试验	1. 检修工作准备，包括人员准备、器具准备等。 2. 开展危险点分析，制定预控措施。 3. 布置安全措施，措施如下：做好与运行机组的隔离，按电力安全工作规程（电气部分）和运行规程做好安全措施。 4. 主变低压侧软连接拆除、主变中性点软连接拆除、绕组绝缘电阻、吸收比和极化指数测量、绕组直流电阻、绕组介损、铁芯及夹件绝缘电阻、主变中性点穿墙套管介损和电容值测量、主变压器电流互感器直流电阻和绝缘电阻、电容型套管介损和电容值测量	人员方面： 1. 精神状态不佳，专业水平不够。 2. 使用不合格的安全工器具和劳动防护用品。 3. 错误使用安全工器具和劳动防护用具。 4. 人员在××kV机组主变顶部（距地面6m）工作时存在高处坠落风险。 5. 人员在进行中性点穿墙套管（距地面8m）试验时存在高处坠落风险	一般风险	1. ××kV机组主变预防性试验工作必须在所有安全措施布置完毕，工作许可手续已办理，工作负责人和工作班成员清楚工作任务、知晓作业风险点、掌握风险预控措施的情况才能正式开展。 2. 工作开始前，所有工作成员须正确佩戴好合格的安全帽，穿戴好具有防滑功能和抗打击的劳动保护鞋，安全帽下颚带必须系紧。 3. 工作前准备好校验合格的双钩安全带，安全带使用过程中需"高挂低用"。 4. 工作中使用的工器具应完好无损，严禁使用破损的工器具，避免对主变造成损坏。 5. 操作票监护人须由主值班员及以上资格的人员担任，操作人须由正值班员及以上资格人员担任	班组负责人
			设备方面： 1. 误入正在运行的主变室进行软连接拆除工作，造成人员触电。 2. 工作电源未在检修分电箱接取，未装设漏电保护器，造成人员触电。 3. 试验设备外壳未可靠接地，造成人员触电，升压前未与主变顶部试验接线人员可靠沟通，造成人员触电。 4. 试验结束未对升压设备充分放电，造成人员触电。 5. 人员在拆除低压侧软连接时挤伤手指。 6. 主变顶部掉落的工器具砸伤人员。 7. 试验电压错误，造成设备损坏。 8. 拆卸或装复时，使用蛮力对螺栓进行紧固，造成设备损坏		1. 在××kV机组主变试验区围上安全警示带，并向外悬挂"止步，高压危险"标志牌。 2. 试验过程中，工作班成员完成试验接线，工作负责人对试验接线进行检查，确认无误方可开始试验。 3. 试验设备必须可靠接地。 4. 试验过程中应监护呼唱制度，设专人监视设备试验情况。 5. 中性点穿墙套管铜排拆除过程中，应设专人扶稳楼梯，梯上工作人员正确佩戴安全带，所使用的工具绑在手上防止掉落伤人。 6. 主变高压侧CT试验所需划开的端子，应由保护专业人员二次核查，严禁二次侧开路	班组负责人

续表

序号	作业活动名称	工作步骤及工作内容	主要危险有害因素（包括人、物、环、管因素）	风险等级	现有安全控制措施（包括工程、管理、个体防护、应急等措施）	管控主体
17	××kV机组主变预防性试验	1. 检修工作准备，包括人员准备、器具准备等。 2. 开展危险点分析，制定预控措施。 3. 布置安全措施，措施如下：做好与运行机组的隔离，按电力安全工作规程（电气部分）和运行规程做好安全措施。 4. 主变低压侧软连接拆除、主变中性点软连接拆除，绕组绝缘电阻、吸收比和极化指数测量，绕组直流电阻、绕组介损、铁芯及夹件绝缘电阻、主变中性点穿墙套管介损和电容值测量，主变压器电流互感器直流电阻和绝缘电阻、电容型套管介损和电容值测量	环境方面： 1. 若主变顶部存在油污，及时清理，防止滑倒跌落。 2. 工作时穿着防滑劳保鞋，防止滑倒跌落	一般风险	1. 工作前检查××kV机组主变室照明良好，作业面无油污。 2. 工作产生的物料、废油、垃圾等应统一收集规定存放，严禁乱丢乱放和随意倾倒废油。 3. ××kV机组主变预试工作结束后，应对工作现场进行全面检查清理，对工器具逐一清点，确保工器具无遗漏，现场不遗留异物。同时将检查工作所做的临时安措恢复。 4. 全面清理打扫现场，确保工器具无遗漏，人员全部撤离后终结工作票	班组负责人
			管理方面： 1. 班组负责人交代工作任务，忽略交代安全注意事项及质量要求，作业人员盲目作业。 2. 监护人员离岗		1. 交代工作任务的同时，必须要求安全事项和质量要求，项目部安全、技术负责人随时检查，纠正作业中的问题。 2. 作业过程中监护人禁止离开工作现场，监护人不在工作现场监护时，作业人员严禁私自进行作业	班组负责人
18	……	……	……	……	……	……

附件十七　检修全过程安全监管方案（范本）

×××发电厂

×号发变组×修全过程安全监管方案

编　　　　　　　制：
××××××××××××审核：
××××××××××××审核：
××××××××××××审核：
安　全　监　督　部　门　审　核：
技　术　保　障　部　门　审　核：
批　　　　　　　准：

×××发电厂
××××年××月××日

×号发变组×修全过程项目安全监管方案

一、项目概述

二、组织措施

三、机组检修安全措施

四、检修作业分级管控

五、风险评估

六、应急处置措施

七、安全监管要求

八、环境保护措施

九、现场重点安全管理要求

附件十八　检修全过程安全文明管理实施方案（范本）

×××公司×××发电厂

×号发变组×修全过程安全文明管理

实施方案（范本）

编　　　　　　　　制：
×××××××××××审核：
×××××××××××审核：
×××××××××××审核：
安 全 监 督 部 门 审 核：
技 术 保 障 部 门 审 核：
批　　　　　　　　准：

×××发电厂
××××年××月××日

×号发变组×修全过程安全文明

管理实施方案

一、概述

二、安全文明管理组织机构

三、全过程安全文明管理

（一）检修前的安全状态

（二）检修全过程安全管理

1. 检修区域隔离措施

2. 检修区域地面防护措施

3. 典型危险点分析及控制措施

4. 一般安全管理规定

5. 重点作业面安全规定

6.……

（三）检修现场文明管理

四、……

附件十九　进出发电机内部登记记录本（范本）

水电厂进出发电机内部登记记录本

设备名称						登记 记录人				
工作内容						记录时间	××××年××月××日××时××分			
进入人员	工具、物资带入情况					工具、物资带出情况			数量 核对	签名 确认
	名称	型号 规格	单位	带入 数量	带（进） 入时间	带出 人员	带出（出 去）时间	带出 数量		
未带出物资 情况说明										

注： "数量核对"栏填写要求为数量一致打"√"，不一致打"×"。打"×"的物资项应在"未带出物资情况说明"栏进行详细说明。"签名确认"栏由进入人员检查自己带入的工具和物资的带出登记记录无误后，进行签名确认。表格中除了签名确认栏以外，所有记录均由登记人员记录。

附件二十　脚手架搭设申请、验收、拆除申请单（范本）

脚手架搭设申请单

项目名称：××××年×号机×修

施工单位 （使用单位）		申请人：	
申请时间：	××××年××月××日 ××时××分	搭设完成时间：	××××年××月××日 ××时××分
脚手架用途			
	申请搭设具体项目，详细位置及规格和形式		
项目号	长××m，宽××m，高××m		
	悬吊□悬挑□井字□承重□单排□双排□其他 □		
搭设时间	××××年××月××日××时××分—××××年××月××日××时××分		
预计拆除时间	××××年××月××日 ××时××分	要求拆完时间	××××年××月××日 ××时××分
搭设班组班组长： 日期：××××年××月××日			
搭设（使用）部门意见： 日期：××××年××月××日			
技术保障部门意见： 日期：××××年××月××日			
安全监督部门意见： 日期：××××年××月××日			

说明：本表由搭设班组负责检查填写，班组长签字同意后依次交本部门、技术保障部门、安全监督部门
批准。

脚 手 架 搭 设 验 收 表

平台及脚手架形式			用途		
搭设单位			搭设高度		
工作负责人：	姓名：		搭设负责人：	姓名：	
	电话：			电话：	
搭设日期			预计拆除日期		
允许最大承重：　　kg/m²			允许工作人员数量		

序号	验 收 项 目	存在问题	处理结果
1	脚手架构配件材质符合规范要求；		
2	平台主梁、副梁固定点基础牢固，符合规范要求；		
3	平台踏板铺设稳固，满铺、平整；		
4	脚手架水平杆和立杆间距、横距、步距符合规范和专项方案要求；		
5	脚手架立杆垂直度符合规范要求；		
6	脚手架安全通道、踢脚板等安全防护设施符合规范要求；		
7	平台及脚手架承重满足要求；		
8	其他需要验收的项目；		
9	……		
验收总体意见	项目负责人验收意见： 　　　　　　　　　　　　签字：日期：××××年××月××日		
	搭设（使用）部门验收意见： 　　　　　　　　　　　　签字：日期：××××年××月××日		
	技术保障部门验收意见： 　　　　　　　　　　　　签字：日期：××××年××月××日		
	安全监督部门验收意见： 　　　　　　　　　　　　签字：日期：××××年××月××日		

注：1. 脚手架验收合格后应定期检查，施工单位检查频率不少于每周一次。

　　2. 本表由安全监督部门留存，施工现场挂内容相同的脚手架搭设验收合格牌。

　　3. 本表由项目负责人验收填写并签字同意后依次由本部门、技术保障部门、安全监督部门验收。

脚 手 架 拆 除 申 请 表

项目名称		拆除部位		拆除单位	
架体形式		架体材质		申请拆除时间	
拆除原因					
拆除单位班组		措施落实人		申请人	
拆除班组意见： 日期：××××年××月××日					
拆除部门意见： 日期：××××年××月××日					
技术保障部门意见： 日期：××××年××月××日					
安全监督部门意见： 日期：××××年××月××日					

说明：1. 本表由搭设班组负责检查填写，班组负责人签字同意后依次交本部门、技术保障部门、安全监督部门批准。

2. 需加固再进行局部拆除的脚手架，应编制脚手架加固方案。

3. 严禁未申请私自拆除。项目安全管理部负责监督考核。

附件二十一 水轮发电机组A修施工网络图及现场定置图（范本）

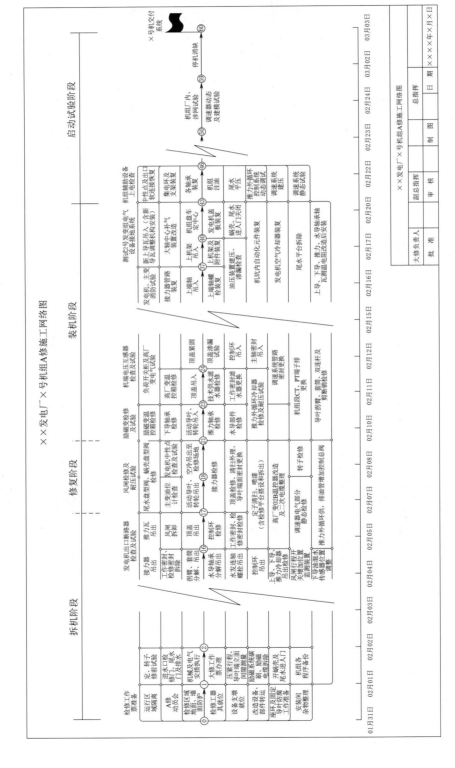

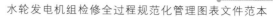

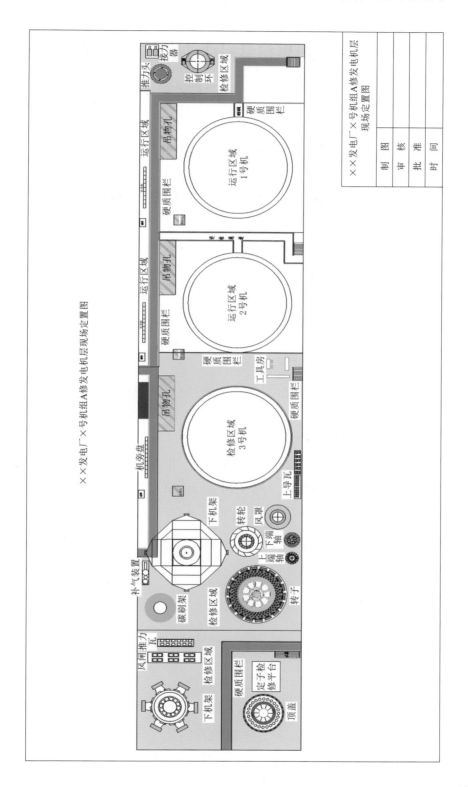

××发电厂×号机组A修发电机层现场定置图

制 图			
审 核			
批 准			
时 间			

××发电厂×号机组A修发电机层
现场定置图

附件二十二　机组检修启动试验方案（范本）

×××公司×××发电厂

×号发变组×修启动试验方案（范本）

编　　　　　　　　制：

××××××××××××审核：

××××××××××××审核：

××××××××××××审核：

安　全　监　督　部　门　审　核：

技　术　保　障　部　门　审　核：

批　　　　　　　　准：

×××发电厂

××××年××月××日

×号发变组×修启动试验方案

一、概述

二、总则

水轮发电机组和成套设备检修启动试验是水电站检修调试运行和交接验收的重要部分与重要环节，它以水轮发电机组启动调试运行为中心，对机组的检修性能和质量进行全面的综合性检验，使其最终达到安全、经济生产电能的目的，保障机组长期稳定、安全可靠地投入运行。

本方案是根据×××发电厂现场实际情况进行编写，仅适用于×××发电厂×号水轮发电机组××××年汛后×修启动试验，方案经启动试验小组批准后实施；启动试验过程中可根据现场实际情况对本方案试验程序做适当的调整和补充并备案，需经检修总指挥审查批准后执行。

1. 本方案主要编制依据为：

（1）……

（2）……

2. 本方案适用于×××发电厂××××年汛后××水轮发电机组××级检修后试验工作。

三、组织机构

四、试验内容

五、启动前的检查

1. 引水系统及尾水系统

2. 水轮机部分

3. 调速系统

……

六、机组充水试验

1. 尾水充水平压

2. 压力钢管充水

3. 静水落门试验

……

七、机组修后启动试验

1. 机组空转试验

2. 自动开停机试验

……

八、启动试验危险点分析及预控措施

附件二十三　机组检修启动检查记录簿（范本）

×××公司×××发电厂

××××年×号发变组（××MW)

×级检修启动检查记录簿

×××发电厂

××××年××月××日

第一部分　检　修　概　况

一、简介

二、检修时间：××××年××月××日至××××年××月××日，共计××天。

第二部分　启 动 前 检 查 情 况

一、尾水管充水试验

（1）试验目的：

（2）试验记录：

（3）试验要求及注意事项：

（4）尾水管充水前联合检查：

……

二、压力钢管充水试验

（1）试验目的：

（2）试验记录：

（3）试验要求及注意事项：

（4）进水口压力钢管充水前联合检查：

……

三、技术供水充水试验

（1）试验目的：

（2）试验记录：

（3）试验要求及注意事项：

……

四、机组开机前检查情况

（1）机械组：

（2）一次组：

（3）二次组：

（4）保护组：

（5）安全组：

……

第三部分 启 动 记 录 表

一、机组检修后首次开机试验

×号机组各转速下试验温度记录　　　记录人：　　　　　　　××××年××月××日

时间	上导瓦温度												下导瓦温度											
	01	02	03	04	05	06	07	08	09	10	11	12	01	02	03	04	05	06	07	08	09	10	11	12

时间	推力瓦温																		水导瓦温												
	01	02	03	04	05	06	07	08	09	10	11	12	13	14	15	16	17	18	01	02	03	04	05	06	07	08	09	10	11	12

时间	上导油槽油温	推力油槽油温	下导油槽油温	水导油槽油温	备注：

×号机各转速下试验振摆记录表　　　记录人：　　　　　　　××××年××月××日

有功功率	机组转速	导叶开度	流量	补气动作情况	上机架X向水平振动	上机架Y向水平振动	上机架X向垂直振动	上机架Y向垂直振动	定子机架X向水平振动	定子机架Y向水平振动	定子机架X向垂直振动	定子机架Y向垂直振动	下机架X向水平振动	下机架Y向水平振动	下机架X向垂直振动	下机架Y向垂直振动	顶盖X向水平振动	顶盖Y向水平振动	上导X向摆度	上导Y向摆度	下导X向摆度	下导Y向摆度	水导X向摆度	水导Y向摆度	蜗壳进水脉动	顶盖下脉动1	顶盖下脉动2	基础环脉动	尾水管脉动1	尾水管脉动2

上游水位	下游水位	水头	备注：

二、机组过速试验

（1）试验目的：

（2）试验记录：

1）试验时间：××××年××月××日。

2）机组转速达 $115\% N_e$ 时，导叶开度为＿＿＿％。

3）记录机组在 $115\% N_e$ 转速时振摆数据。

　　……

（3）试验要求及注意事项：

1）确认机组手动开、停机试验结束，试验结果正常。

2）检查机组各部已操作至具备手动开机状态。

3）监视机组过速保护动作情况，记录过速动作过程中的各部振摆的变化情况。

4）过速停机后，手动投入制动装置，投入接力器锁锭及调速器紧急停机电磁阀，做好机组转动部分检查的安全措施，对发电机转动部位各部进行详细检查。

······

×号机组 115％N_e 过速振摆数据记录表

机组负荷/MW			
记录时间	甩前	甩中	甩后
水头			
水位			
机组转速/(r/min)			
导叶开度/％			
蜗壳实际压力/MPa			
上导轴承摆度 X 向/μm			
上导轴承摆度 Y 向/μm			
下导轴承摆度 X 向/μm			
下导轴承摆度 Y 向/μm			
水导轴承摆度 X 向/μm			
水导轴承摆度 Y 向/μm			
上机架水平振动 X 向/μm			
上机架水平振动 Y 向/μm			
上机架垂直振动 Z 向/μm			
下机架水平振动 X 向/μm			
下机架水平振动 Y 向/μm			
下机架垂直振动 Z 向/μm			
定子基座水平振动/μm			
定子基座垂直振动/μm			
顶盖水平振动 X 向/μm			
顶盖水平振动 Y 向/μm			
顶盖垂直振动 Z 向/μm			
蜗壳进口压力脉动/kPa			
顶盖下压力脉动 1/kPa			
顶盖下压力脉动 2/kPa			
尾水锥管压力脉动 1/kPa			
尾水锥管压力脉动 2/kPa			
转速上升率/％			
蜗壳水压上升率/％			

三、发电机零起升压试验

（1）试验时间：

（2）试验记录：在发电机零起升压试验过程中记录每阶段装置交流电压采样值（发电机保护 A、B 套、功角测量装置、励磁系统）。

发电机升压至 10%、25%、50%、75%、100%

名　　称	装置显示值						
	A 相电压	A 相相角	B 相电压	B 相相角	C 相电压	C 相相角	结论
发电机保护 A 套							
发电机保护 B 套							
功角测量装置							
励磁 1							
励磁 2							
电测仪表							

四、发变组零起升压试验

（1）试验时间：

（2）试验记录：

发变组升压至 10%、25%、50%、75%、100%

名　　称	装置显示值						
	A 相电压	A 相相角	B 相电压	B 相相角	C 相电压	C 相相角	结论
×号故障录波装置							

五、自动开、停机试验

（1）试验时间：

（2）试验目的：

（3）试验记录：

......

六、机组甩负荷试验

（1）试验时间：

（2）机组甩负荷试验记录表（记录人：×××）：

	甩前	甩后	备注
水头	/		
水位	/		
机组负荷			
机组转速/(r/min)			
蜗壳进口压力脉动/kPa			
转速上升率/%			
蜗壳水压上升率/%			

七、机组带负荷试验记录表

×号机组带××MW负荷试验振摆记录表（注：负荷稳定 10min 后记录有效）

记录人：　　　　　　　　　　××××年××月××日

有功功率	机组转速	导叶开度	流量	补气动作情况	上机架X向水平振动	上机架Y向水平振动	上机架X向垂直振动	上机架Y向垂直振动	定子机架X向水平振动	定子机架Y向水平振动	定子机架X向垂直振动	定子机架Y向垂直振动	下机架X向水平振动	下机架Y向水平振动	下机架X向垂直振动	下机架Y向垂直振动	顶盖X向水平振动	顶盖Y向水平振动	顶盖X向垂直振动	顶盖Y向垂直振动	上导X向摆度	上导Y向摆度	下导X向摆度	下导Y向摆度	水导X向摆度	水导Y向摆度	蜗壳进水脉动	顶盖下脉动	顶盖下脉动	基础环脉动	尾水管脉动1	尾水管脉动2

上游水位	下游水位	水头	
			备注：

×号机组带×××MW负荷试验温度记录（注：负荷稳定 10min 后记录有效）

记录人：　　　　　　　　　　××××年××月××日

时间	上导瓦温度												下导瓦温度											
	01	02	03	04	05	06	07	08	09	10	11	12	01	02	03	04	05	06	07	08	09	10	11	12

时间	推力瓦温																		水导瓦温												
	01	02	03	04	05	06	07	08	09	10	11	12	13	14	15	16	17	18	01	02	03	04	05	06	07	08	09	10	11	12

时间	上导油槽油温	推力油槽油温	下导油槽油温	水导油槽油温	
					备注：

附件二十四　检修技术总结（范本）

×××公司×××发电厂

×号水轮发电机组检修技术总结报告

编　　　　　　　　制：

×××××××××××审核：

×××××××××××审核：

×××××××××××审核：

安　全　监　督　部　门　审　核：

技　术　保　障　部　门　审　核：

批　　　　　　　　准：

×××发电厂

××××年××月××日

×号水轮发电机组检修技术总结报告

一、工程项目名称

二、工程工期

三、主要设备型号及其技术参数

四、开展的工作内容

五、检修及调试情况

六、检修后机组的运行情况

七、结束语

附件二十五　检修综合评价检查表（范本）

检修综合评价检查表

项目	检查内容	评价要求	检查评价			备注
			优	合格	不合格	
一、检修准备工作评价	1. 检修管理文件或检修管理手册编制情况	（1）查阅文件、手册等资料，主要内容是否齐全； （2）组织机构是否齐全，质量验收人员是否明确； （3）安全目标、质量目标、工期目标是否明确； （4）是否有质量控制点设置、质检计划； （5）适用于本次检修的管理制度是否齐全； （6）是否根据大修目标制定大修奖惩管理办法，明确大修安全、质量、文明、工期、指标的考核标准； （7）是否编制检修全过程风险控制措施				
	2. 检修项目计划编制情况	（1）检查有关资料：常规项目、特殊、技改项目、两措项目、安全评价项目、主要消缺项目、技术监督项目、启动项目是否齐全、落实； （2）项目内容是否详细； （3）项目负责人是否明确； （4）主设备及重要辅助设备检修前是否进行修前评估				
	3. 工期控制计划情况	（1）是否按规定向上级主管部门上报下年度检修计划或调整计划； （2）是否按上级主管部门批复的检修计划编制实施计划并进行分解； （3）检修计划内容是否完整； （4）目标工期、节点控制工期是否明确，是否科学合理				
	4. 参加检修工作人员受控情况	（1）大修组织机构及人员配备是否齐全； （2）参加大修的特种工种人员是否具备资格； （3）检修人员是否经过有关培训，考试是否合格； （4）外来检修人员是否经过安全技术培训，考试合格				

续表

项目	检查内容	评 价 要 求	检查评价			备注
			优	合格	不合格	
一、检修准备工作评价	5. 检修现场静、动态操作文件准备情况	(1) 检修规程、图纸是否足够且有效； (2) 二级、三级验收单内容覆盖率如何，是否准确； (3) 特殊或技改项目是否编制了专项方案、方案中是否落实组织、技术、安全、环保措施； (4) 各专业检修工序卡内容覆盖率如何，是否准确； (5) 各专业 W 点、H 点内容覆盖率如何，是否准确； (6) 施工网络图是否编制，是否科学合理； (7) 现场定置图是否编制； (8) 检修现场摆放的六牌两图是否编制； (9) 设备安全隔离操作措施是否齐全； (10) 检修现场是否配备检修标准化作业指导书				
	6. 检修物资准备情况	(1) 是否根据检修项目制定物资清单； (2) 是否编制专用备品备件、消耗性物资采购计划； (3) 检修物资是否按时到货				
	7. 检修工器具准备情况	(1) 计量工器具是否校定合格，并有记录； (2) 安全工器具、特种设备、运输车辆等是否检验合格，是否均有合格证书及检验报告； (3) 对检修使用的专用工器具是否进行检查、试验，并记录； (4) 对检查、试验不合格的检修专用工器具是否编制采购计划； (5) 采购的检修专用工器具是否按时到货				
	8. 检修外包工程准备情况	(1) 是否编制安全资质审查报告书； (2) 是否进行人员入场前的审查； (3) 是否进行机具入场前的审查； (4) 编制项目的施工方案中是否落实组织、技术、安全、环保措施； (5) 是否针对项目编制应急预案； (6) 是否编制项目安全风险评价判定及防范措施； (7) 是否经过入场安全教育培训及考试合格； (8) 是否进行安全技术交底； (9) 是否签订安全生产管理协议				
	9. 检修动员会	(1) 是否在检修前召开检修动员会； (2) 是否签订大修目标责任书				

项目	检查内容	评 价 要 求	检查评价			备注
			优	合格	不合格	
二、检修实施阶段评价	1. 检修现场安全文明管理情况	（1）人员着装和安全帽佩戴是否符合电力安全工作规程有关要求； （2）高处作业是否佩戴安全带（存在有火种时，使用防火安全带）； （3）在高处、危险沿边工作时，临空的一面是否装设安全网、防护栏杆、踢脚板等； （4）在有可能高空落物和电焊作业的下方是否设围栏和安全标志，并设专人监护； （5）是否做好防止二次污染措施，在铺设地面保护时，有油污染的区域是否铺设了塑料薄膜，再在上面铺一层三合板或地胶，防止油等液体渗漏到地面； （6）揭开的盖板或打开的孔洞，是否设置符合防护要求的围栏和踢脚板，并悬挂安全警示标示牌； （7）临时搭设脚手架是否经过验收并悬挂验收牌及安全警示标示牌； （8）临时电源搭设是否采取防拖拽措施，是否是"一机一闸一保护"； （9）有限空间作业是否遵守"先通风、再检测、后作业"的原则进行； （10）在进行焊接、切割作业时，是否设有防止火灾、烫伤、爆炸、触电等的措施并设有专人监护； （11）检修区域布置方式是否满足检修规范的要求； （12）检修区域清洁度是否满足检修规范要求，检修现场负责人应确保检修期间检修区域的场地整洁度				
	2. 检修现场7S管理情况	（1）检修进出场通道布置是否符合要求； （2）拆除设备零部件与现场定置图摆放位置是否一致； （3）拆除的设备零部件摆放和标识是否符合要求； （4）工具箱的摆放是否符合要求，现场使用的工具箱摆放整齐，所有暂时不用的工器具必须按规格、品种进行分类存放在工具箱内。工具箱的摆放地点不应占用通道位置； （5）对暂时存放的化学危险品是否按照电力安全工作规程要求进行摆放； （6）检修作业信息牌的悬挂是否实施和规范； （7）检修中的废油、废料、垃圾等废弃物管理情况是否符合要求				

续表

项目	检查内容	评 价 要 求	检查评价			备注
			优	合格	不合格	
二、检修实施阶段评价	3. 检修质量管理情况	（1）检修工艺是否按照检修工序卡程序要求执行； （2）质量控制措施是否符合实际需要； （3）设备设置的 W、H 质检点是否按照 W、H 质检单要求执行； （4）设备验收后，二、三级验收单是否会签及时； （5）设备修前、修后记录是否及时、真实； （6）所有影响机组启动的因素是否均已排除； （7）是否按规定进行机组启动前的检查，并签字确认； （8）机组修后启动前是否编制机组启动试验方案； （9）机组启动试验是否正常，记录是否完整； （10）检修后遗留的问题是否制定整改措施进行闭环				
	4. 检修工期控制情况	（1）编制检修施工网络图与实际执行中是否合理、科学； （2）检修工期是否按计划或提前完成； （3）检修主线工期是否按时完成； （4）检修项目工期定额是否合理				
	5. 检修费用定额管理情况	（1）是否建立健全检修预算管理体系，是否有详细的检修预算费用； （2）是否按照检修费用计划严格执行； （3）费用管理是否规范； （4）是否采取费用定额管理，物资需用计划的多级审核，合理控制费用支出，实现检修费用管理规范化、精细化				
三、检修总结阶段指标评价	1. 机组检修后指标评估	（1）是否进行机组修前、修后分析，主要运行指标是否达到目标值，运行数据是否在正常范围内； （2）设备材料、人工费用、消耗性材料等费用统计是否在总结报告中记录、详细并分析； （3）设备检修工时定额是否在总结报告中进行统计并分析； （4）对检修后遗留的问题，在报告中是否记录、是否下整改通知单，落实整改期限、责任人				

续表

项目	检查内容	评 价 要 求	检查评价			备注
			优	合格	不合格	
三、检修总结阶段指标评价	2.检修竣工、总结及评估情况	（1）是否在检修后45天内提交机组检修总结报告； （2）是否进行了检修后效果评估工作，机组修后热态验收工作； （3）是否召开了检修总结会				
	3.修后检修资料整理和归档情况	（1）机组检修准备、实施、总结等检修全过程资料（包含纸质、影像资料等记录检修全过程相关资料）是否进行分类； （2）资料整理归档是否符合要求				
	4.大修后资料修编情况	（1）规程、图纸修编：是否结合检修情况及运行调试结果，对检修规程、运行规程、图纸的内容进行修编； （2）根据设备在大修中所进行的检修项目，是否对设备台账及时录入； （3）是否进行了检修后设备评级				

附件二十六　水轮发电机组检修后评价总结报告（范本）

水轮发电机组检修后评价报告

编　　　　　　　　　制：

×××××××××××审核：

×××××××××××审核：

×××××××××××审核：

安　全　监　督　部　门　审　核：

技　术　保　障　部　门　审　核：

批　　　　　　　　　准：

×××发电厂

××××年××月××日

×号水轮发电机组检修后评价报告

一、概述

二、项目内容、范围及其变更评价

三、工期与进度管理评价

四、预算及投资情况评价

五、检修效果评价

六、检修过程评价

七、修后设备运行情况评价

八、项目推广性和持续改进性评价

九、后评价结论

附件二十七　检修回访调查表（范本）

机组修后回访调查表

水电企业名称：　　　　　　　　项目名称：

工程计划工期：　　　　　　　　工程实际工期：

检修单位项目负责人：

机组主要经济运行技术指标对比 （工况：满负荷或与修前对应）						
序号	指标类型及项目	单位	检修前	检修后	设计值	备注
一	一类指标					
1	检修项目完成率	％	—		100	
2	验收合格率/优良率	％	—		100/85	
3	质检点签证率	％			100	
4	缺陷消除率	项			100	
5	设备三漏治理	项			≤0.3‰	
6	导叶漏水量	m³/s			≤3‰	
7	机组一次性启动成功	次	—		1	
8	低谷停机消缺	次	—		≤1	修后1月内
二	二类指标					
1	上机架最大 X 向水平振动	μm				
2	上机架最大 Y 向水平振动	μm				
3	上机架最大 Z 向垂直振动	μm				
4	上导轴承 X 向最大摆度	μm				
5	上导轴承 Y 向最大摆度	μm				
6	下机架最大 X 向水平振动	μm				
7	下机架最大 Y 向水平振动	μm				
8	下机架最大 Z 向垂直振动	μm				
9	下导轴承 X 向最大摆度	μm				
10	下导轴承 Y 向最大摆度	μm				
11	水导轴承 X 向最大摆度	μm				
12	水导轴承 Y 向最大摆度	μm				
13	顶盖最大 X 向水平振动	μm				
14	顶盖最大 Y 向水平振动	μm				
15	顶盖最大 Z 向垂直振动	μm				

续表

序号	指标类型及项目	单位	检修前	检修后	设计值	备注
16	定子基座水平振动	μm				
17	定子基座垂直振动	μm				
18	推力瓦温最大值	℃				
19	上导瓦温最大值	℃				
20	下导瓦温最大值	℃				
21	水导瓦温最大值	℃				
22	定子绕组最高温度	℃				

检修结果评价						
序号	评价内容	不满意 ≤70分	较满意 71~80分	满意 81~95分	很满意 ≥95分	权重	单项得分
1	安全指标					30%	
2	质量指标					30%	
3	工序工艺					10%	
4	进度控制					10%	
5	文明生产					10%	
6	服务意识					10%	
	综合得分						

水电企业意见或改进建议：

水电企业代表：　　　　　　　　　　　　　　　　　　水电企业代表所在部门：

　　（签字）：　　　　　　　　　　　　　　　　　　　　（盖章）：

检修单位分管领导评价意见：　　　　　　　　　　　　　　　签字：

备注：1. 主要经济运行技术指标要求：检修后单项指标应明显优于检修前指标，或整体工况明显优于检修前。

　　　2. 本表由水电企业人员进行评定（评价栏请填写具体分值）。

238

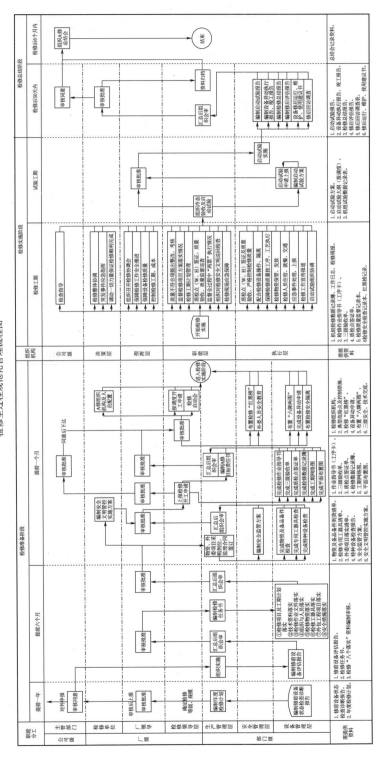

附件二十八　水轮发电机组检修全过程规范化管理流程图

参 考 文 献

[1] 国家能源局. 水电站设备检修管理导则：DL/T 1066—2023 [S]. 北京：中国电力出版社，2024.

[2] 国家能源局. 立式水轮发电机检修技术规程：DL/T 817—2014 [S]. 北京：中国电力出版社，2014.

[3] 国家市场监督管理总局，国家标准化管理委员会. 水轮发电机组安装技术规范：GB/T 8564—2023 [S]. 北京：中国标准出版社，2023.

[4] 国家能源局. 水轮发电机组启动试验规程：DL/T 507—2014 [S]. 北京：中国电力出版社，2014.

[5] 中华人民共和国国家质量监督检验检疫总局，中国国家标准化管理委员会. 质量管理体系要求：GB/T 19001—2016 [S]. 北京：中国标准出版社，2017.

[6] 中华人民共和国国家质量监督检验检疫总局，中国国家标准化管理委员会. 工作场所职业病危害警示标识：GBZ 158—2003 [S]. 北京：中国标准出版社，2003.

[7] 国家市场监督管理总局，国家标准化管理委员会. 水轮机基本技术规范：GB/T 15468—2020 [S]. 北京：中国标准出版社，2020.

[8] 国家市场监督管理总局，国家标准化管理委员会. 水轮发电机基本技术规范：GB/T 7894—2023 [S]. 北京：中国标准出版社，2023.

[9] 国家能源局. 电力设备预防性试验规程：DL/T 596—2021 [S]. 北京：中国电力出版社，2021.

[10] 国家能源局. 防止电力生产事故的二十五项重点要求及编制释义 [M]. 北京：中国电力出版社，2023.

[11] 中国华电集团有限公司. 电力安全工作规程　水力机械部分：Q/CHD 21—2019 [S]. 北京：中国电力出版社，2020.

[12] 中国华电集团有限公司. 电力安全工作规程　电气部分：Q/CHD 20—2019 [S]. 北京：中国电力出版社，2020.

[13] 中国华电集团有限公司. 发电企业 7S 管理 [M]. 北京：中国电力出版社，2014.

[14] 王玲花. 水轮发电机组安装与检修 [M]. 北京：中国水利水电出版社，2012.

[15] 中华人民共和国住房和城乡建设部. 建筑业企业资质管理文件汇编 [M]. 3 版. 北京：中国建筑工业出版社，2020.